JN193544

でんじろう先生の わくわく 科学実験

監修 米村でんじろう

日東書院

知識と体験を

今、みなさんは本やテレビ、インターネットなどから、いろいろなことをしる機会がありますね。たとえば「大気圧」という言葉をきいたことがあるかもしれません。でも、言葉をしっていることと、理解することは少しちがいます。

　水をいれたコップにはがきでふたをして逆さまにするとなぜか水がこぼれないのは、大気圧のおかげです。この実験をやってみると、目にみえない大気圧をかんじることができます。ところが、残念ながら実験というものは最初はたいてい失敗します。はがきの紙の種類やふたのおさえ方、コップを逆さまにするタイミングによっては、水がこぼれてしまうことがあります。それでも何度かチャレンジして成功すると、「やった!」と達成感をあじわうことができます。そんなとき、自分がもっていた知識と体験がつながります。

　また、実験をしているだけで原理がわかっていなければ、それ以上広がっていくこともありません。ペーパーブーメランは、練習をかさねれば上手にとばせるようになります。それだけでも楽しいものですが、原理がわかると、ドローンや竹とんぼ、飛行機など、回転してとぶものは、ブーメランと同じしくみがはたらいていることがわかってきます。関係ないとおもっていたいろいろなことが、きみたちの中でつながるのです。

　このように、理科は体験と知識がどちらも大切な教科です。理科は、国語や算数のような教科だとおもわれることが多いのですが、わたしは体育や音楽のような実技教科だとおもっています。音楽は歌をうたったり、

つなげよう

米村でんじろう（サイエンス・プロデューサー）

リコーダーをふいたりしますし、体育もはしったり水泳をしたりしますね。同じように、理科も教科書をよむだけでなく、実験や観察という作業をバランスよく、両方やることが大切なのです。

　この本では、22の科学のテーマをえらんで、それを体験できる実験を紹介しています。おもしろそうだなとおもったものからぜひチャレンジしてみてください。でも、実験に失敗はつきものです。一度でうまくいかなくても決してがっかりしないでほしいとおもいます。むしろ失敗してあたりまえなのです。水泳でも自転車でも、はじめからできる人なんていません。理科の実験も同じです。失敗したら「なぜだろう?」「どうしたらいいのかな?」とかんがえる、実はそれが大切なことなのです。

　苦労したことは、本当に身につきます。かんがえたり、しらべたり、いろいろな方法で解決していく力が、これから先もきっと役にたちますよ。

 **目次**

「知識と体験をつなげよう」…2
この本のつかい方…6

大気のふしぎ…9
- 実験室 こぼれない水…10
- 発見隊 大気圧をかんじる…14
- コラム 気圧と気象…16

揚力のふしぎ…19
- 実験室 ペーパーブーメラン…20
- 発見隊 揚力をつかうスポーツや乗り物…24
- 発見隊 揚力をつかう遊び…26
- 発見隊 揚力をつかう生き物…27
- コラム マグヌス効果…28

■科学の発見物語「飛行機の発明の歴史」…29

浮力のふしぎ…31
- 実験室 ペットボトル浮沈子…32
- 発見隊 水にうくもの…36
- 発見隊 空気にうくもの…38
- コラム ゾウの重さをはかるには？…39

■科学の発見物語
「アルキメデスの浮力発見」…40

表面張力のふしぎ…41
- 実験室 墨流し…42
- 発見隊 まとまろうとする液体…46
- 発見隊 丸くなった水をみつけよう！…47
- 発見隊 表面張力をつかったもの…48
- コラム 洗剤のはたらき…49
- コラム 毛細管現象…50

慣性のふしぎ…51
- 実験室 野菜のニュートンスティック…52
- 発見隊 そこにいつづける性質…55
- 発見隊 まっすぐすすむ・回転する…56
- 発見隊 体にかかるふしぎな力…58
- コラム ジャイロ効果…59

■科学探検隊
「遊園地でいろいろな力を発見！」…61

ふりこのふしぎ…63
- 実験室 ふしぎなふりこ…64
- 発見隊 リズムをきざむふりこ…68
- 発見隊 いろいろなブランコ…69
- 発見隊 ふりこがつかわれているもの…70
- コラム 世界のふりこ時計…71

■科学の発見物語「フーコーのふりこ」…72

つりあいのふしぎ…73
- 実験室 バランスとんぼ…74
- 発見隊 力のバランスに注目！…78
- 発見隊 てこをつかった道具…80
- コラム 力をつたえる装置…81

摩擦のふしぎ…83
- 実験室 本でつな引き…84
- 発見隊 よくすべるところはどこ？…87
- 発見隊 すべらなくする工夫…88
- 発見隊 摩擦を利用するもの…89
- コラム 摩擦をへらす工夫…90
- コラム もしも摩擦がなかったら…92

■科学探検隊
『生物にまなぶ科学「バイオミミクリー」』…93

弾性のふしぎ…95
- 実験室 ゴムロケット…96
- 発見隊 弾性でたのしむ…100
- 発見隊 便利な弾性…102
- コラム プラスチック…104

燃焼のふしぎ…105
- 実験室 手作りキャンドル…106
- 発見隊 人々のくらしをささえる火…110
- コラム 花火の色…113
- コラム 火の発見…114

静電気のふしぎ…115
- 実験室 静電気クラゲ…116
- 発見隊 静電気をみつけよう…120
- 発見隊 静電気をつかう…122
- 発見隊 静電気をふせぐ…123

コラム 雷のエネルギー…124

■**科学の発見物語「電気の発見・発明の歴史」**…125

電池のふしぎ…127
実験室 木炭電池…128
発見隊 どんな形の電池がある？…132
発見隊 電池が使用されているもの…133
発見隊 電気をつくるためのもの…134
コラム 発電する生き物…135

■**科学の発見物語「世界初！ 乾電池の発明」**…136

磁石のふしぎ…137
実験室 手作り方位磁石…138
発見隊 磁石をつかう…142
発見隊 磁石と電気…144
コラム 地球は大きな磁石…145

水のふしぎ…147
実験室 おふろで氷山…148
発見隊 自然の中の水のすがた…152
発見隊 美しい雪と氷のすがた…154
発見隊 くらしに役だつ水…155
コラム 宇宙にも水はある？…156

結晶のふしぎ…157
実験室 尿素の結晶…158
発見隊 どんな結晶がある？…162
発見隊 鉱物の結晶ギャラリー…164
コラム 結晶の洞窟…166

■**科学の発見物語**
「歴史にのこるすごい発見」…167

酸性とアルカリ性のふしぎ…169
実験室 紫キャベツの色水…170
発見隊 水溶液の酸性・アルカリ性…174
発見隊 pHで色がかわるもの…176
発見隊 湖や池のpH…177
コラム 重そうのはたらき…178

光のふしぎ…179
実験室 真水と塩水の屈折…180

発見隊 光の自然現象をみつけよう…184
発見隊 鏡やレンズを利用したもの…186
コラム 月までの距離のはかり方…188

音のふしぎ…189
実験室 目でみる音…190
発見隊 情報をつたえる音…194
発見隊 音をつかう・たのしむ…195
発見隊 超音波をつかう道具…196
コラム 音のちがい…197
コラム 音をつかう動物…198

温度のふしぎ…199
実験室 あっという間にシャーベット…200
発見隊 物の温度…204
発見隊 温度をはかる道具…206
コラム 熱のつたわり方…207
コラム 超低温の世界…208

虹のふしぎ…209
実験室 虹をつくる…210
発見隊 自然の中の虹色…214
発見隊 生き物がもつ虹色…215
発見隊 ガラスやまくがつくる虹色…216
コラム 光は波…218

■**科学の発見物語**
「ニュートンの光と色の発見」…219

うずまきのふしぎ…221
実験室 段ボール空気砲…222
発見隊 自然のうずまき…226
発見隊 人工のうずまき・らせん…228
コラム 自然のつくる形…230

目の錯覚のふしぎ…231
実験室 ふしぎなさいころ…232
発見隊 目の錯覚を利用したもの…236
発見隊 目の錯覚がおこる絵や図形…238
コラム アナモルフォーズ…240

用語解説・さくいん… 241

この本の つかい方

この本では、22の科学のテーマをとりあげ、実験によって体験したり、身近なところでみられる例を発見したりしていきます。また、コラムや歴史の読み物などで、さらに理解をふかめます。

実験室

それぞれのテーマになっている現象を体験できる実験です。

科学のテーマ　22のテーマごとの目印です。

実験の手順　実験のやり方を、写真とあわせて説明しています。実験の前によくよんでおきましょう。

注意　実験で注意することです。けがや事故がないように、必ずまもりましょう。

解説　実験の結果や、その理由をわかりやすく説明しています。

どんなところで役だっているかがわかると、科学がもっと身近にかんじられるね！

大気のふしぎ

発見隊

大気圧をかんじる

わたしたちはつもった空気の層の底でくらしています。重さをかんじない空気ですが、じつはつねに空気の圧力をうけています。

ストロー

ストローをすうと、その中の空気がうすくなり、大気圧が小さくなる。そのため飲み物の表面をおす大気圧のほうが大きくなり、ストローの中を飲み物があがってくる。

エレベーターにのったときや、電車がトンネルにはいったときに、耳がツーンとすることがあるのは、鼓膜が大気圧の変化をうけているんだ。

おわん

あつい汁をいれたおわんは、ふたをしてしばらくすると、ふたがすいついてとれなくなる。これは、汁の温度がさがるとおわんの中の圧力がさがり、外からの大気圧におされるため。おわんをゆがめて、すき間から空気をいれればとれる。

吸盤

吸盤を壁におしつけると、壁と皿の間の空気がなくなり真空状態になる。そのため、大気圧が外から吸盤をおしつけるようにかかり、吸盤はおちない。

手おしポンプ

ストローと同じ原理で、地下にある水を大気圧をつかってすいあげる。

菓子袋

高い山に、菓子などの密封された袋をもってあがると、袋がパンパンにふくらむ。高地は大気圧が低いので、袋を外側からおす力よりも、袋の中からおす力のほうが大きくなるから。

ジェット旅客機

ジェット旅客機が高度1万mの高さでとぶのは、上空は大気がうすく、空気の抵抗が少なくてすむから。しかし、それ以上高度をあげると、ジェットエンジンにとりこむ空気が不足し、エンジンの推進力が弱くなる。

クアーズ・フィールド

アメリカメジャーリーグのコロラド・ロッキーズが本拠地とする野球場。コロラド州デンバーの標高約1600mの高地にある。大気圧が地上の84%ほどしかなく、空気抵抗が少ないため、打球がよくとぶことで有名。球団の発表によると、飛距離が約9%のびるそうだ。

ナムチェバザール

ヒマラヤのふもとにある町で、標高は約3440mと、富士山の九合目の高さ。大気圧は地上の3分の2ほどで、高山病にかかる旅行者も多い。ヒマラヤをめざす登山者は、この町に滞在して高地に身をならす。

014

コラム

それぞれのテーマについて、もっとしっておきたい話や、なるほど話などを紹介しています。

うずまきのふしぎ

自然のつくる形

うずまきのほかにも、自然がつくりだす美しい形があります。

六角形

カメのこうら
六角形はこうら全体をすき間なくおおっている。

ハチの巣
六角形は巣をむだなくしきつめることができるので、かべの材料が少なくてすむ。

塩の結晶も六角形だったなんて！自然がつくる形は本当にふしぎだね。

その他

ウニの骨格
とげのはえていたあとが、美しい模様になっている。

五角形

ホヤの花
植物の中では、5枚の花びらをもつ花が最も多い。

ヒトデ
ヒトデの多くは5本のうでをもち、星のような形をしている。

ロマネスコ
カリフラワーの一種の野菜。規則正しいらせん状の円すいがあつまっている。

230

科学の発見物語
科学探検隊

科学の歴史や身近な科学をさぐる読み物です。

科学の発見物語

飛行機の発明の歴史

人が開発した空とぶ乗り物に初めて空をとんだのは、人ではなく、3びきの動物でした。1783年のフランスで、熱気球にのった動物たちが、460mの上空までのぼっていったのです。熱気球は、気球の中の空気を熱してふくらませ、体積を大きくすることで、「浮力」をうけて空にのぼります。

また、1903年にライト兄弟が発明した飛行機は、つばさから「揚力」をえることとくらべるしくみです。

1939年にジェット機がつくられてから飛行機の技術開発がすすみ、現在では大勢の人があたり前のように空の旅をたのしんでいます。

◆ 1783年、フランスで熱気球で飛行

1783年6月、フランスのモンゴルフィエ兄弟が、紙でつくった熱気球を空にあげることに成功しました。

▲1783年6月、フランスで、熱気球をとばすことに成功した。

同じ年の9月には、今度は、熱気球にニワトリとアヒルとヒツジをのせ、空にとばしました。3びきの動物をのせた熱気球は、460mの高さまで上昇したのち、無事、着陸することができました。

この飛行が成功したので、同じ年の11月に、兄弟の友達である医者のピラートル・ド・ロジェとフランソワ・ダルランド侯爵の二人を熱気球にのせました。彼らはパリの上空を約25分間、およそ9kmにわたって飛行し、無事に着陸しました。

◆ 1848年、イギリスで動力飛行に成功

1848年、動力で推進する飛行機をつくる人があらわれました。イギリスのジョン・ストリングフェローです。自身で設計した軽量型蒸気エンジンを動力にした模型飛行機を、サマセット州チャードでとばしました。模型飛行機といっても、木と布でつくられたつばさは、幅3mもありました。これが、蒸気エンジンをつかって飛行に成功した、唯一の飛行機といわれています。

人をのせない模型飛行機ですが、世界初の動力飛行を成功させたことは飛行機の開発の歴史にとって、画期的な出来事でした。のちの人が開発した、人が操縦する飛行機との共通点も多く、そのアイデアはすばらしいものでした。

◆ 1853年、イギリスでグライダーでとぶ

モンゴルフィエ兄弟の熱気球に刺激をうけたのが、イギリスのジョージ・ケイリーです。1790年代、彼は、ヨークシャーの自宅で、鳥がとぶ様子を観察し、回転アームのついた機械をつかって「揚力」と「抗力」の研究をしました。

1853年には、自身の馬車の御者を世界初のテストパイロットにして、グライダーで人を飛行させることに成功しました。

029

実験の注意

- 実験は、一度でうまくできないこともあります。あきらめずにくりかえし挑戦してみましょう。
- 実験につかう材料や道具は、最初に全部そろえてからはじめましょう。同じものがない場合は、かわりにつかえるものがないか、かんがえて工夫してみましょう。
- はさみやカッターナイフ、包丁などの刃物をつかうときは、けがをしないように注意しましょう。むずかしいときは、大人の人にてつだってもらいましょう。
- 火や熱湯をつかう実験は、やけどをしないように注意して、かならず大人の人といっしょにやりましょう。

大きさや単位などのあらわし方

● 長さ・大きさ
mm（ミリメートル）
cm（センチメートル）…1cm=10mm
m（メートル）… 1m=100cm
km（キロメートル）… 1km=1000m

● 重さ
g（グラム）
kg（キログラム）… 1kg=1000g
t（トン）… 1t=1000kg

● 体積
mL（ミリリットル）
L（リットル）… 1L=1000mL

● 温度
℃（度）…セ氏

● 割合
%（パーセント）…全体を 100 とした場合に、その中にしめる割合。

インターネットでイベント情報や実験動画を公開しています

イベント情報
でんじろう先生の実験を間近で体験できるサイエンスショーを全国各地で開催しています。
http://www.denjiro.co.jp/calendar/

実験動画
実験のコツや工作のあそび方がわかる動画を紹介しています。
https://www.youtube.com/user/DenjiroScience/

大気のふしぎ

地球は空気につつまれています。
空気は透明でみることができませんが、
いつもわたしたちのまわりにあります。
空気のもつ力をしらべてみましょう。

実験室

こぼれない水

水をいれたコップにはがきでふたをして逆さまにすると…。ふしぎなことに、はがきはおちず、水もこぼれません。目にみえない空気の力をたしかめてみましょう。

用意するもの

□ コップ
□ はがき
□ あみじゃくし
　（あくとり用の目の細かいもの）
□ ボウル
□ 水

⚠ 水がこぼれてもいい場所でやりましょう。

実験 1

やり方

1 コップに水をいれてはがきをのせ、手のひらでおさえる。

2 はがきをおさえたまま、すばやくコップを逆さまにする。

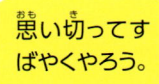

思い切ってすばやくやろう。

3 はがきをおさえていた手をはなす。

すごい！

どうしてはがきはおちないのかな？

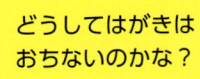

実験2
やり方

今度ははがきの代わりにあみじゃくしでやってみよう。

あみ目から水がこぼれちゃうんじゃない?

1 水をはったボウルの中で、コップに水をいれて、あみじゃくしをあてる。

2 コップを逆さまにしてあみじゃくしにのせ、上からおさえる。

3 あみじゃくしをそっともちあげる。

ふしぎ!

どうして水はこぼれないのでしょうか？

コップを逆さまにしてもはがきや水がおちないのは、下から空気の力がささえているからです。空気は空気中にうかんでいるので重さをかんじませんが、ほかのものと同じように重さがあり、その重さ分の力が四方八方にはたらいています。地球は空気につつまれているので、地球上のものはつねにまわりから空気の力（大気圧）を受けているのです。

でも、空のコップにはがきでふたをしただけでは、はがきはおちてしまいます。コップとはがきのすき間から空気がはいってしまうからです。それをふせいでいるのが、水です。水の表面張力（→p41）の力でそのすき間をうめてくれるので、ぴったりとくっつきます。あみじゃくしのあみ目も、水がふさいでいるので、水がこぼれないのです。

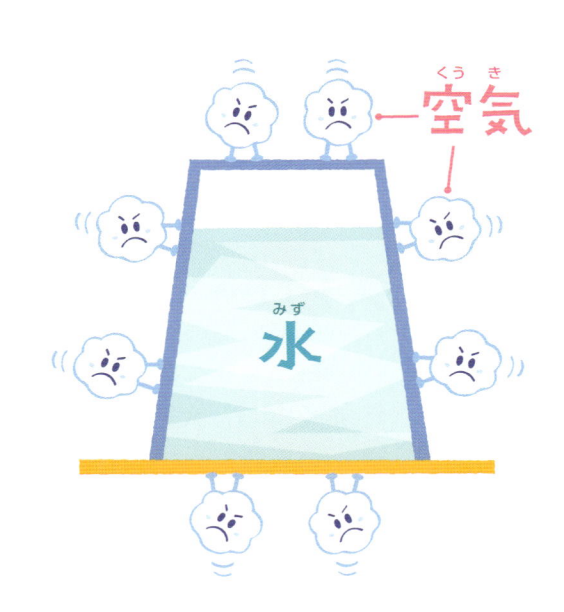

空気

水

大気の力はどのくらい？

地球をとりまく空気の層を「大気」といいます。空気の重さは、1Lで約1.2g（1円玉1個は1g）です。大気は約100kmの高さまであり、高くなるほどうすくなっていきます。わたしたちの頭の上にはなんと約200kgの空気がのっているのです。

それでもわたしたちがつぶれないのは、大気圧が上からだけでなく、あらゆる方向からはたらいていることと、わたしたちの体の中からも同じ大きさの力でおしかえしているからなのです。

高い山では、空気はうすく、大気圧が低くなります。つみかさなる空気が少なくなるからです。

発見隊

大気圧をかんじる

わたしたちはつもった空気の層の底でくらしています。重さをかんじない空気ですが、じつはつねに空気の圧力をうけています。

吸盤

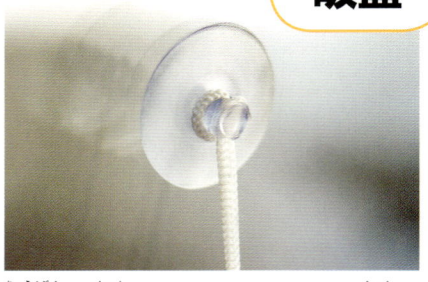

吸盤を壁におしつけると、壁との間の空気がなくなり真空状態になる。そのため、大気圧が外から吸盤をおしつけるようにかかり、吸盤はおちない。

ストロー

ストローをすうと、その中の空気がうすくなり、大気圧が小さくなる。そのため飲み物の表面をおす大気圧のほうが大きくなり、ストローの中を飲み物があがってくる。

エレベーターにのったときや、電車がトンネルにはいったときに、耳がツーンとすることがあるのは、鼓膜が大気圧の変化をうけているんだ。

手おしポンプ

ストローと同じ原理で、地下にある水を大気圧をつかってすいあげる。

おわん

あつい汁をいれたおわんは、ふたをしてしばらくすると、ふたがすいついてとれなくなる。これは、汁の温度がさがるとおわんの中の圧力がさがり、外からの大気圧におされるため。おわんをゆがめて、すき間から空気をいれればとれる。

菓子袋

高い山に、菓子などの密封された袋をもってあがると、袋がパンパンにふくらむ。高地は大気圧が低いので、袋を外側からおす力よりも、袋の中からおす力のほうが大きくなるから。

ジェット旅客機

ジェット旅客機が高度1万mの高さでとぶのは、上空は大気がうすく、空気の抵抗が少なくてすむから。しかし、それ以上高度をあげると、ジェットエンジンにとりこむ空気が不足し、エンジンの推進力が弱くなる。

クアーズ・フィールド

アメリカメジャーリーグのコロラド・ロッキーズが本拠地とする野球場。コロラド州デンバーの標高約1600mの高地にある。大気圧が地上の84%ほどしかなく、空気抵抗が少ないため、打球がよくとぶことで有名。球団の発表によると、飛距離が約9%のびるそうだ。

ナムチェバザール

ヒマラヤのふもとにある町で、標高は約3440mと、富士山の九合目の高さ。大気圧は地上の3分の2ほどで、高山病にかかる旅行者も多い。ヒマラヤをめざす登山者は、この町に滞在して高地に身をならす。

気圧と気象

大気圧と天気はとても深い関係があります。

高気圧と低気圧

空気はあたたまると軽くなり、気圧が低くなります。反対に、冷えた空気は重くなり、気圧が高くなります。地球上の気圧は一定ではなく、低いところと高いところがあります。まわりとくらべて気圧が高いところを「高気圧」、低いところを「低気圧」とよびます。

高気圧のところでは、上空から地上にむけて

空気が移動するため、雲ができにくく天気がよくなります。地上では時計回りに風がふきだします。

低気圧のところでは地上から上空に空気が移動し、雲ができやすくなるため天気が悪くなります。地上では、まわりから反時計回りに風がふきこみます。

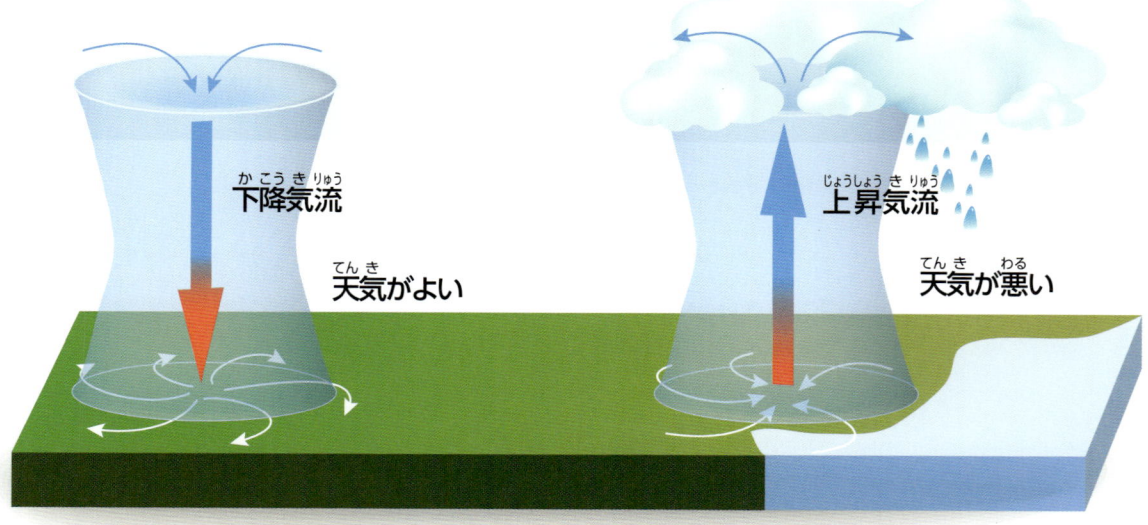

高気圧

下降気流

天気がよい

北半球では時計回りに風がふきだす。

低気圧

上昇気流

天気が悪い

北半球では反時計回りに風がふきこむ。

※南半球では風の向きが逆になります。

風がふくのは気圧の差があるから。気圧が高いほうから低いほうへ風がふくよ。

単位

ヘクトパスカル (hPa)
圧力の単位。1Pa (パスカル) は、1㎡の面積を 1N (ニュートン) の力でおす圧力。気象予報では 100 倍を意味する「ヘクト」をつけてヘクトパスカルを使う。高度 0m の地上の気圧は約 1013hPa。

シベリア高気圧

冬にシベリアでできる高気圧で、日本付近にまで強い北西の風をふかせる。風は日本海をわたる間に水蒸気をうけてしめり、山にあたって雲をつくるため、日本海側の地域に雪をふらせる。シベリア高気圧が弱まると冬が終わる。

オホーツク海

オホーツク海高気圧

北海道の北東のオホーツク海に春から夏にかけて発生する高気圧。このオホーツク海高気圧と太平洋高気圧の間にできるのが、梅雨をもたらす梅雨前線。

日本の季節をつくる4つの高気圧

日本は春・夏・秋・冬の四季がはっきりしている国です。冬には日本海側で雪がふり、夏には全国的に晴れて暑くなり、台風がやってきます。このような季節をつくるのが、4つの大きな高気圧です。

シベリア大陸内部に発生する「シベリア高気圧」、オホーツク海に発生する「オホーツク海高気圧」、中国南東部で発生する「移動性高気圧」、日本の南海上で発生する「太平洋高気圧（小笠原高気圧）」です。それぞれどんな特徴があるのかみてみましょう。

日本海

東シナ海

太平洋

移動性高気圧

春と秋に中国南東部で発生し、偏西風にのって日本付近にやってくる高気圧。晴れの天気をもたらす。移動性高気圧と低気圧が交互に西から東へと移動してくるため、天気は数日ごとにかわる。

太平洋高気圧（小笠原高気圧）

太平洋で発生する高気圧。7月にはいると勢力が強まり、梅雨前線がおしあげられて梅雨があける。夏には日本全体をおおい、蒸し暑さをもたらす。

台風のでき方

赤道近くの海水が強い日差しをうけてあたたまり、海水が大量に蒸発して上昇気流が発生します。そして、海面近くの水蒸気が上昇気流によって上空にはこばれて積乱雲をつくります。

雲ができるときにでる熱によって上昇気流は強められ、積乱雲がさらに発達し、熱帯低気圧になります。この熱帯低気圧の中心付近の最大風速がおよそ17m/秒になると、名前が熱帯低気圧から台風にかわります。

台風ができるしくみ

1 太陽の熱で海水が蒸発し、上昇気流ができる。

2 上昇気流が強まってうずができる。

3 うずがだんだん大きくなって熱帯低気圧になる。

4 熱帯低気圧がさらに発達して台風になる。

宇宙からみた台風。雲が大きなうずをまいて、中心に「台風の目」がみえる。

できたばかりの台風は、あたたかい海面からうけとる水蒸気によって発達し、中心の気圧がぐんぐんさがり、風も強まります。しかし、北に移動するにしたがって海面の温度がさがるため水蒸気がへって、勢力が弱まり熱帯低気圧や温帯低気圧にかわります。

天気予報で高気圧や低気圧という言葉がでてきたら注目してみよう！

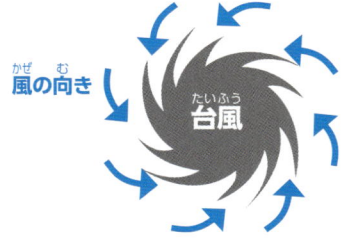

風の向き
台風

地球の自転の影響で、北半球では地上からみて反時計回りに風がふきこむ。

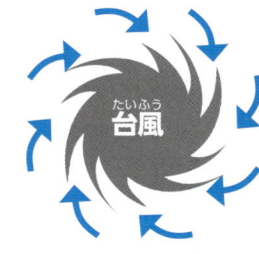

台風

南半球ではふきこむ風の向きが反対になる。

揚力の ふしぎ

プロペラや飛行機の
つばさがうみだす「揚力」。
ヘリコプターも飛行機も、
揚力によって空中に
うかびあがります。
揚力のいろいろなはたらきを
みてみましょう。

実験室

ペーパーブーメラン

投げると回転しながらもどってくるおもちゃ「ブーメラン」。
かんたんにつくれる紙のブーメランで、その
ふしぎなうごきをたしかめてみましょう。

投げ方をマスターして、キミもブーメランの達人になろう!

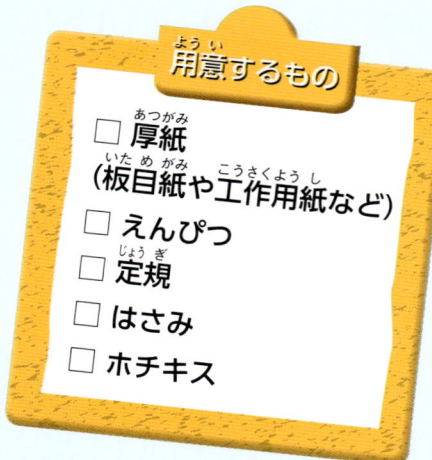

用意するもの

- ☐ 厚紙（板目紙や工作用紙など）
- ☐ えんぴつ
- ☐ 定規
- ☐ はさみ
- ☐ ホチキス

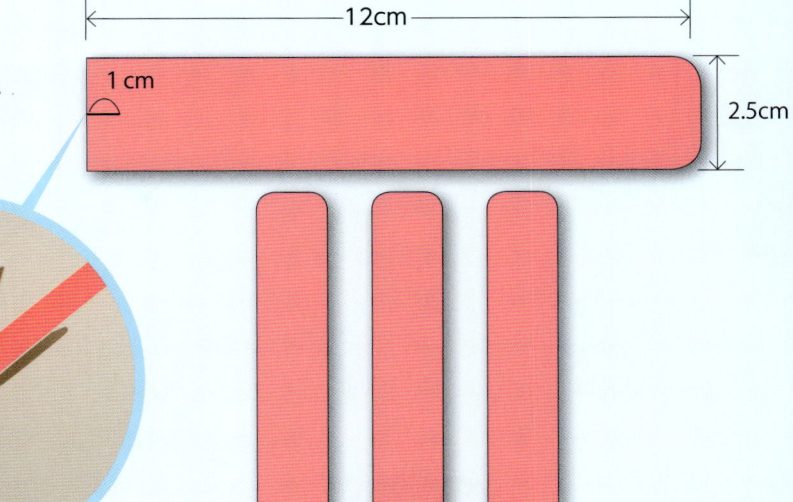

1 厚紙を図のようにきり、片方のはしの中心にきりこみをいれる。
反対のはしは角をきって丸くする。
これを3枚つくる。

12cm

1cm

2.5cm

2 3枚の切りこみをかみあわせる。

3 かみあわせた部分をホチキスでとめる。

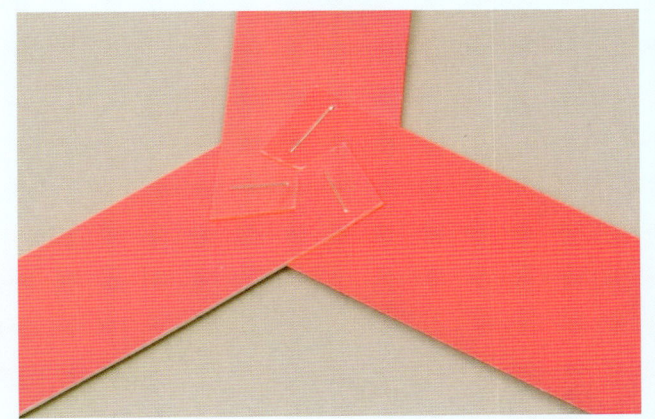

4 3枚とも羽根全体をわずかにねじる。

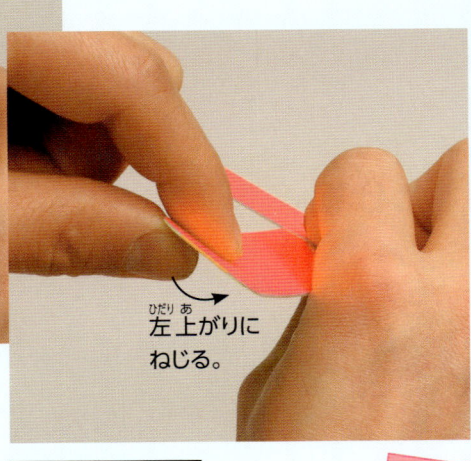

右上がりに
ねじる。

左上がりに
ねじる。

右投げ用

左投げ用

5 羽根を少し上にそらす。

できあがり

ほんの少し
上にそらす。

横からみたところ。

投げ方

1 ブーメランの表側が親指側になるように、親指と人さし指ではさんでもち、ブーメランを後ろにたおす。

うまくもどってこないときは、作り方4と5の羽根の調整をやりなおしてみよう！

2 後ろにふりかぶり、ブーメランをたてたまま、まっすぐ前になげる。

3 なげだすしゅんかん、手首をすばやくふってスナップをきかせてブーメランに回転をかける。

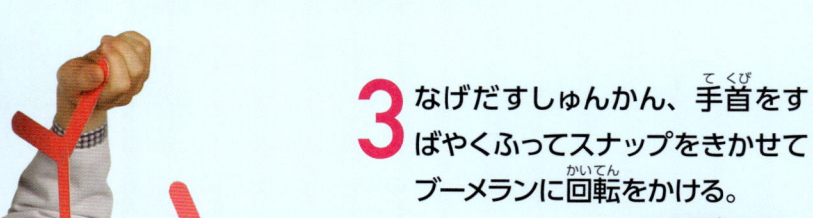

⚠ ブーメランが人や物にぶつからないように気をつけましょう。

ペーパーブーメランをパワーアップ

おもりをつける

羽根の先にビニールテープを2～3回まいておもりにすると、より遠くまでとぶ。

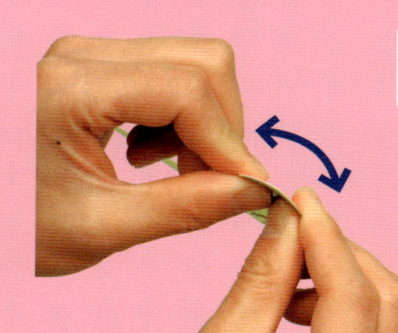

羽根をそらせる

羽根を山形にそらせると、空気抵抗が減り、回転がよくなる。

ブーメランは、なぜもどってくるのでしょうか?

回転しているものをかたむけると、かたむいた側に方向転換する力がはたらきます。自転車で走っているとき体を左右にかたむけると、自転車は自然に同じ方向にまがりますね。ブーメランにも同じことがおこっています。

それではなぜ、ブーメランがかたむくのでしょうか。その理由は羽根にねじりがくわえてあるからです。

ねじりがあるので、羽根に空気があたると羽根を左（左投げでは右）におす力がはたらきます。ブーメランは回転がかかっているので、上にきた羽根に一番強い力がはたらきブーメランがかたむきます。この羽根にはたらく力が「揚力」です。

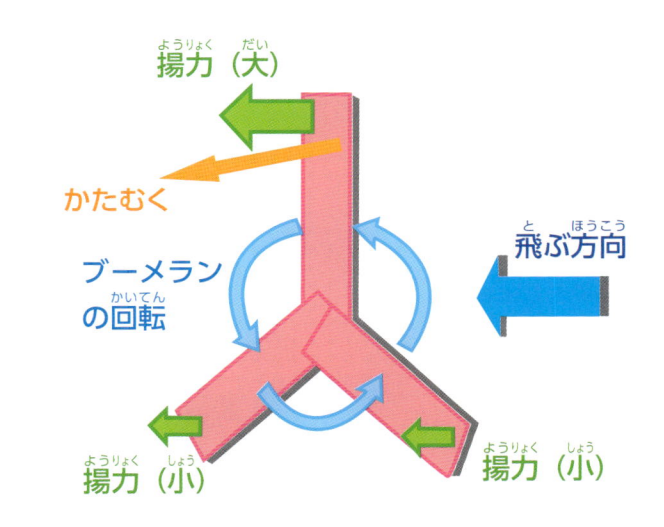

揚力（大）
かたむく
ブーメランの回転
飛ぶ方向
揚力（小）
揚力（小）

ブーメランがうまくもどってくるためには、羽根の角度の調整が重要だよ。

飛行機にはたらく揚力

飛行機は、つばさで揚力をうみだして空をとびます。

飛行機のつばさをきってみると、断面は上のほうがふくらんだ形をしています。このつばさに前方から空気がぶつかると、つばさの下と上の空気に圧力の差がうまれます。すると、つばさを上にもちあげる揚力がはたらくのです。

ジャンボジェット機のような重い機体も、大きなつばさで揚力うみだすことで、とぶことができるのです。

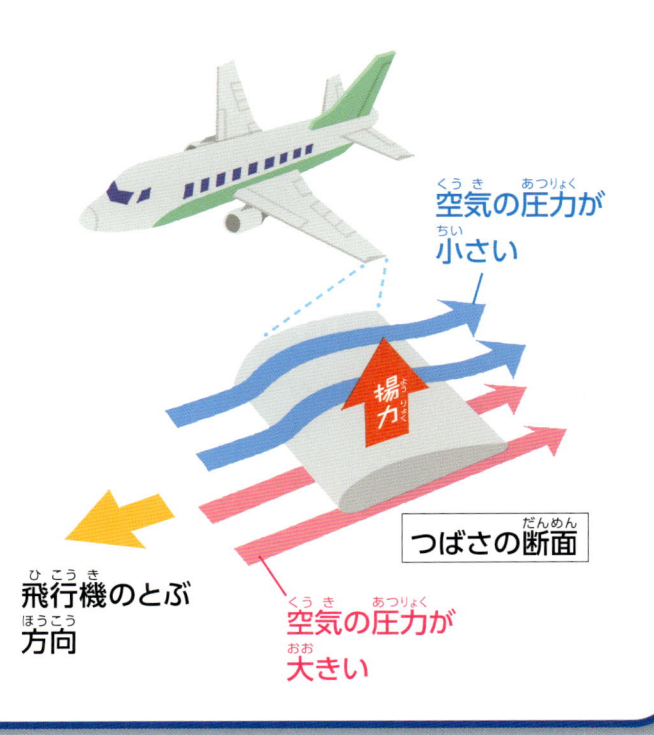

空気の圧力が小さい

揚力

つばさの断面

飛行機のとぶ方向

空気の圧力が大きい

発見隊

揚力をつかうスポーツや乗り物

風をうけてとんだり、すすんだり。空気を上手につかう便利な乗り物や楽しいスポーツがあります。

パラグライダー

山の上などからとびたち、風をうまく利用しながら空をとんでまわる。

ウイングスーツ

腕や脚の間にまくをもつ服をきて、山の上などからとぶ。着陸のときにはパラグライダーなどをつかう。別名「ムササビスーツ」。

パラセーリング

ボートなどにパラシュートをひいてもらい、空中遊泳をたのしむ。

スキーのジャンプ

ジャンプ台からとびたち、どれだけ遠くまでとべるかをきそう。

ウインドサーフィン

風をうけた帆の揚力をいかして、バランスをとりながら水上をすすむ。

グライダー

飛行機は、揚力をつかう代表的な乗り物。前にすすみ、空気をつばさにうけることで揚力をえている。ジェット機はエンジンの力ですすむが、動力をもたないグライダーは、車などにひかれて離陸し、その後は滑空する。つまり、落下する力を前にすすむ力とする。長くとぶには空気の流れをよみ、揚力をうまくつかう必要がある。

ヘリコプター

機体の上にあるプロペラを回転させて揚力をうみだし、空をとぶ航空機。とぶスピードは飛行機にはおよばないが、滑走路をつかわず、垂直に離着陸ができたり、空中で1か所にとどまるホバリングができたりと、便利な乗り物だ。

うたせ船

熊本県の芦北町につたわる伝統漁法「うたせ網漁」をする船。船にはった帆に風をうけ、その力で網をひいて海底の魚などをとる。

ヨット

帆のうけた風の力や帆の揚力をつかう帆船。帆のむきをあやつり、風上へすすむこともできる。

揚力をつかう遊び

たこ

糸につけたたこを、風の力で空高くあげる遊び。写真は、たくさんのたこをつなげた「連凧」。たこを操縦してたのしむ「スポーツカイト」もある。

ドローン

複数のプロペラをもつラジコン機。遠隔操作やプログラムによってうごく。空からの撮影や観測のほか、物をはこんだりできる。

フリスビー

「フライングディスク」ともよばれる。つばさ型の円盤が揚力をうみだし、回転させることで姿勢が安定するので、遠くまでとばすことができる。

竹とんぼ

竹をうすくけずってつくった羽根に柄をつけたもので、柄を両手でまわして、揚力をうみだし空へとばしてあそぶ。

揚力をつかう生き物

生き物たちは、揚力をどのようにつかっているのでしょうか。

モモンガ

トビ

鳥類の多くは、つばさでうみだした揚力をつかって空をとぶ。トビは里山などの上空で輪をえがくようにとぶ。

空を滑空し、木から木へ移動する。リスのなかまで、ムササビより体が小さい。

トンボ

トンボは4枚の羽をたくみにつかい、空中でとまったり、自由自在にとぶことができる。

トビウオ

敵からにげるときなど、海面にとびだし、胸びれをひろげて海上を滑空する。

カエデ

種には2枚の羽があり、くるくるとまわりながらゆっくりとおちる。このため種は風にのり、遠くにおちることができる。

タンポポ

種は軽く、綿毛がついている。綿毛が風をうけて遠くまでとび、生息地をひろげていく。

マグヌス効果

サッカーや野球のボールがまがってとぶしくみにも、揚力が関係しています。

　サッカーの選手が、ゴールをねらってシュートをうつと、ボールがゆるやかな曲線をえがいてとぶことがあります。ボールはなぜカーブするのでしょうか？　そのひみつは、ボールの回転がうみだす空気の流れにあります。

　選手は足でボールの側面を強くけり、ボールに回転をかけます。すると、ボールのまわりの空気に圧力の差がうまれ、圧力の高い側から低い側へ揚力がはたらいて、ボールがまがるのです。これを「マグヌス効果」といいます。

サッカーのフリーキック

ボールはカーブをえがいて相手チームの選手をさける。

ボールの回転

1 ボールの側面をけって回転をかける。

ボールをける

2 最初はスピードが速いため、まっすぐにすすむ。

圧力の低い空気

圧力の高い空気

揚力

3 ボールのまわりに空気の流れがうまれ、揚力をうけてまがる。

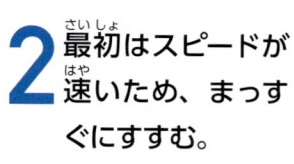

マグヌス効果は、野球やテニス、ゴルフなどのボールにもおこるんだ！

飛行機の発明の歴史

人が開発した空とぶ乗り物で初めて空をとんだのは、人ではなく、3びきの動物でした。1783年のフランスで、熱気球にのった動物たちが、460mの上空までのぼっていったのです。熱気球は、気球の中の空気を熱してふくらませ、体積を大きくすることで、「浮力」をうけて空にのぼります。

また、1903年にライト兄弟が発明した飛行機は、つばさから「揚力」をえることでとべるしくみです。

1939年にジェット機がつくられてから飛行機の技術開発がすすみ、現在では大勢の人があたり前のように空の旅をたのしんでいます。

◆ 1783年、フランスで熱気球で飛行

1783年6月、フランスのモンゴルフィエ兄弟が、紙でつくった熱気球を空にあげることに成功しました。

▲ 1783年6月、フランスで、熱気球をとばすことに成功した。

同じ年の9月に、今度は、熱気球にニワトリとアヒルとヒツジをのせ、空にとばしました。3びきの動物をのせた熱気球は、460mの高さまで上昇したのち、無事、着陸することができました。

この飛行が成功したので、同じ年の11月に、兄弟の友達である医者のピラートル・ド・ロジェとフランソワ・ダルランド侯爵の二人を熱気球にのせました。彼らはパリの上空を約25分間、およそ9kmにわたって飛行し、無事に着陸しました。

◆ 1848年、イギリスで動力飛行を成功

1848年、動力で推進する飛行機をつくる人があらわれました。イギリスのジョン・ストリングフェローです。自身で設計した軽量型蒸気エンジンを動力にした模型飛行機を、サマセット州チャードでとばしました。模型飛行機といっても、木と布でつくられたつばさは、幅3mもありました。これが、蒸気エンジンをつかって飛行に成功した、唯一の飛行機といわれています。

人をのせない模型飛行機ですが、世界初の動力飛行を成功させたことは飛行機の開発の歴史にとって、画期的な出来事でした。のちの人が開発した、人がのって操縦する飛行機との共通点も多く、そのアイデアはすばらしいものでした。

◆ 1853年、イギリスでグライダーでとぶ

モンゴルフィエ兄弟の熱気球に刺激をうけたのが、イギリスのジョージ・ケイリーです。1790年代、彼は、ヨークシャーの自宅で、鳥がとぶ様子を観察し、回転アームのついた機械をつかって「揚力」と「抗力」の研究をしました。

1853年には、自身の馬車の御者を世界初のテストパイロットにして、グライダーで人を飛行させることに成功しました。

◆1890年代、ドイツで2000回以上の飛行

ドイツの技術者、オットー・リリエンタールは、人がつりさがって操縦し鳥のように空をとぶハンググライダーを、いくつも製作しました。1891年から1896年にかけて、彼は2000回以上もハンググライダーでの飛行をおこなっています。しかし残念なことに、1896年に、ハンググライダーの墜落事故によって、命をおとしてしまいました。

彼が製作したハンググライダーは、飛行機操縦の基本原理をしめすものでした。のちにエンジン付きの飛行機での飛行に成功したライト兄弟も、飛行機の操縦法を研究するために、グライダーをつかった実験に、3年の月日をかけています。

◆1903年、アメリカで飛行機がとぶ

本格的な規模の飛行機で、世界で初めてエンジンをのせた飛行機で人が空をとんだのは、1903年のことです。アメリカのライト兄弟が、「フライヤー号」と名づけた飛行機をとばすことに成功したのです。フライヤー号の動力は軽量型のガソリンエンジンで、上昇と下降をコントロールする舵や、水平方向の動きをコントロールする舵もついていました。

▲ライト兄弟のフライヤー号。操縦士が下翼の上にうつぶせになって、主翼をねじるようにして操縦した。

ノースカロライナ州キティホークで、弟のオーヴィル・ライトが操縦し、飛行実験をおこないました。

フライヤー号は、高度3mまで上昇し、12秒後にドスンと着陸したといいます。この日、さらに3回の飛行をくりかえし、最長で59秒、距離にして約260mの飛行を記録しました。

◆1939年、ジェット機の初飛行

飛行高度を大幅にあげて、空気がうすくて空気抵抗の少ない空域をとぶようにすれば、飛行機のスピードをあげることができます。そのためにかんがえられたのが、圧縮した空気を燃料とまぜて燃焼させ、排気ガスを後方におしだすジェットエンジンでした。排気ガスを後ろにおしだす力と同じ分だけ、飛行機を前におしだすことができるというわけです。

このジェットエンジンでとぶ世界初のジェット機は、ドイツでつくられた「ハインケルHe178」です。ハインケル社によって実験機としてつくられ、1939年に初飛行しました。

▲世界初のジェット機「ハインケルHe178」。

▲現在旅客機として使われているジェット機。

浮力のふしぎ

水に体をしずめると、
体が軽くなったように感じます。
それは上向きの「浮力」がはたらくから。
浮力とはいったい
どのようなものなのでしょうか。

実験室

ペットボトル浮沈子

ペットボトルをぎゅっとおすと中のうきがしずみ、力を弱めるとまたうきあがります。

用意するもの

- ☐ ペットボトル
- ☐ ストロー
- ☐ ガラスビーズ
- ☐ 目玉クリップ
- ☐ ライター
- ☐ 画びょう
- ☐ コップ
- ☐ 水

作り方

1 ストローを短くきり、はしが1〜2mmでるように、目玉クリップではさむ。はみでたところをライターの火であぶってとかし、はしをとじる。

⚠️ 火をつかうところは、必ず大人といっしょにやりましょう。

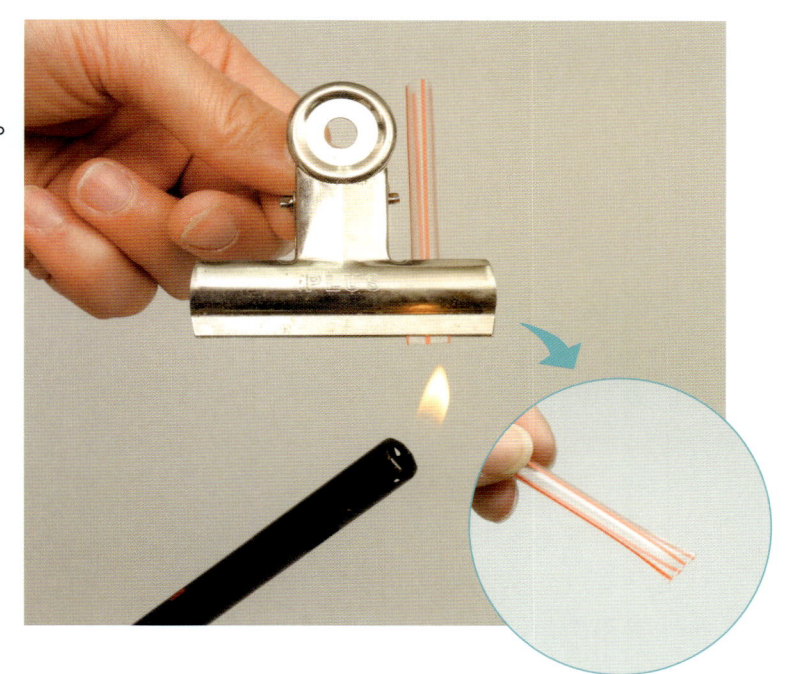

2 ストローの半分くらいまでビーズと水をいれ、もう片方のはしもライターでとかしてとじる。

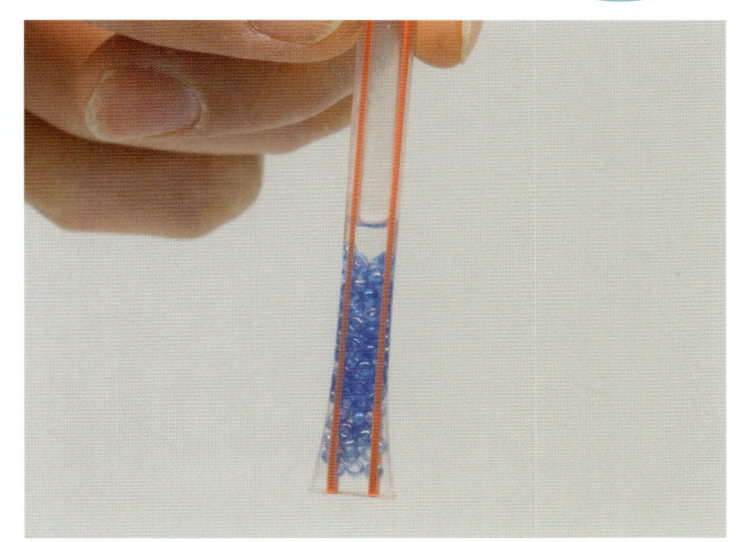

3 はしのほうに1か所画びょうをさして、小さなあなをあける。
うきのできあがり。

同じようにしてうきをいくつかつくろう。

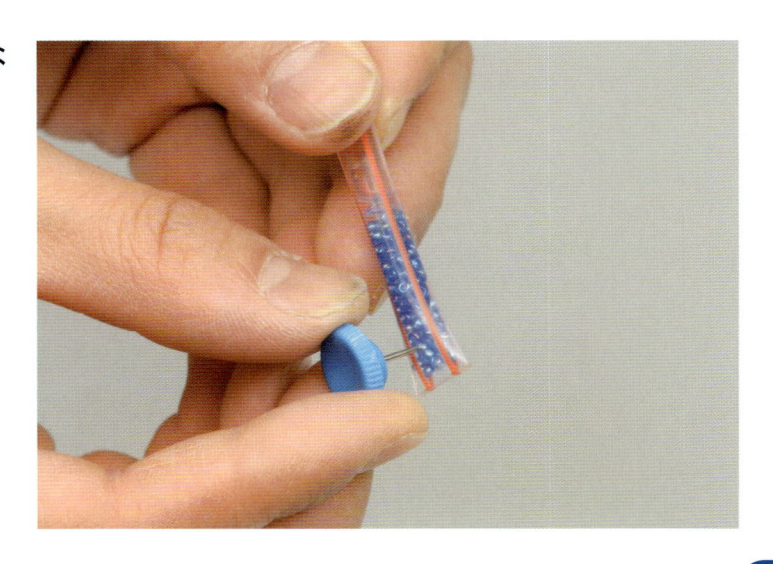

4 うきの浮力を調整する。
水をいれたコップにうきをうかべてみて、上のはしがちょうど水面になるように、中の空気と水の量を調節する。

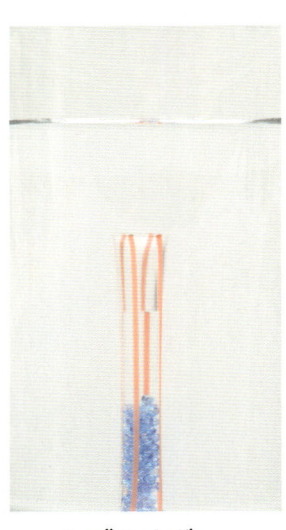

しずみすぎ

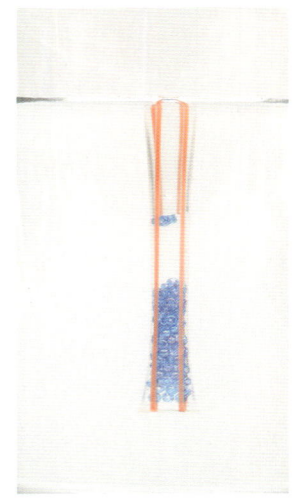

ちょうどよい

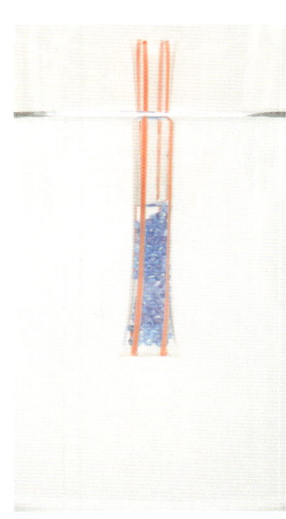

うきすぎ

うきすぎるときは、水の中でストローをつまんで中の空気をおしだす。しずみすぎるときは、水からだしてストローの中の水をおしだす。

ビー玉をいれたり、ペットボトルに絵をかいたりしてかざってもいいね！

5 ペットボトルにいっぱいに水をいれ、うきをいれてキャップをしめる。

できあがり

遊び方

ペットボトルをにぎるとうきがしずみ、力をゆるめるとまたうきあがる。

ぎゅっ

ずっと見ていてもあきないね！

どうしてうきがひとりでにしずむの⁉

ペットボトルをおす力がどうやってうきにつたわるの?

ストローのうきには、おもりの役目をするガラスビーズと水、そして空気がはいっています。

ペットボトルをおしたときと、力をゆるめたときの、うきを観察してみましょう。ストローの中の空気と水の境目の位置がかわっているのがわかります。

ペットボトルをおすと、うきの中の空気がおしちぢめられて体積が小さくなるため、うきをうかせていた力が小さくなってしずむのです。この、うきをうかせている力を「浮力」といいます。

ペットボトルをおすのをやめると、空気はまた元の体積にもどってうきあがります。

浮力って何だろう?

水中にあるものは、それがおしのけた水の重さと同じ力を下からうけます。それが浮力です。これは「アルキメデスの原理」とよばれています。プールでは体がかるくなってうくことができますが、これも浮力のおかげです。

鉄のかたまりを水にいれるとしずんでしまいますが、その鉄を船の形にして中に空間をつくると、たくさんの水をおしのけることができるようになります。そのため、浮力が大きくなって、重い鉄でできた船でもうかぶことができるのです。

アルキメデスの原理
液体中にある物体は、その物体がおしのけた液体の重さにひとしい浮力をうける。

うきの中の空気のようす

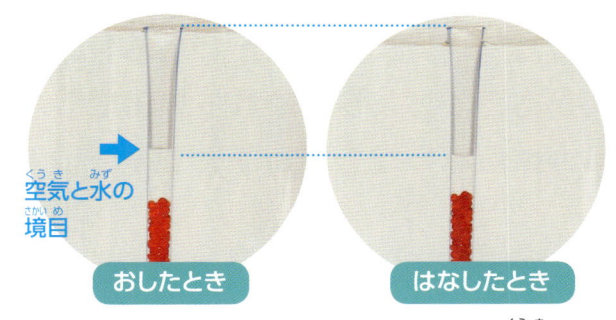

空気と水の境目

おしたとき　はなしたとき

おしたときは、はなしたときとくらべて、空気がちぢんで水との境目の位置があがっている。

空気はおされるとちぢむけど、水はちぢまないよ。

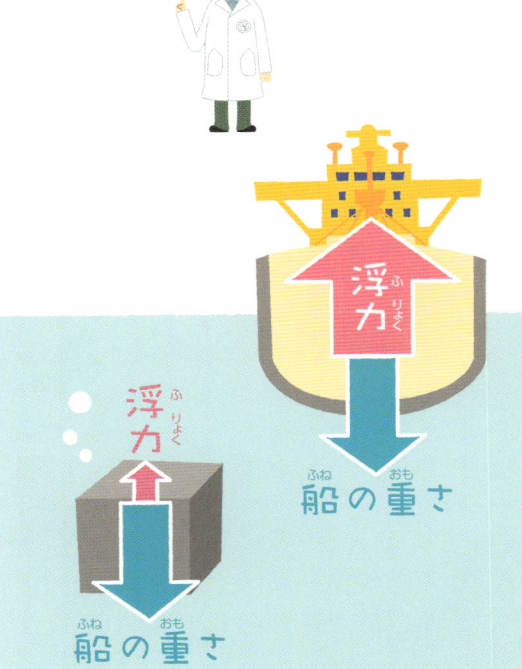

浮力

船の重さ

船の水中にある部分がおしのける水の重さと同じ浮力が船をおしあげる。

発見隊

水にうくもの

水の乗り物や、水上でつかわれるものには何があるでしょう。それらを水にうかせる力は何なのかもかんがえてみましょう。

人や物をのせる水上の乗り物。水をおしのける形をとっており、その空間に空気がはいる構造のため、大きな浮力がうまれ、たくさんのものをのせることができる。

潜水艦

内部に圧縮した空気をいれてあるタンクと、海水をとりこむタンクをもっている。海水タンクに海水をいれると艦がしずみ、浮上するときは圧縮空気を海水タンクにいれ、海水を外にだす。

船の底には、船がどのくらいしずみこんでいるのかがわかるように、目盛りがかいてある。

水上飛行機

足元に「フロート」とよばれる、浮力によって機体をささえる仕組みをもち、水上で離着水する。

いかだ

木や竹をつないでつくる、水にうかぶ乗り物。材料の浮力だけでうかぶので、重いものはのせられない。

うきわ

水上でつかううき袋のひとつ。輪の形をした袋の中に空気をつめたり、発泡体などの軽い素材でつくることで浮力をうみだす。水あそびやおぼれた人の救助につかう。

ブイ

海で、航路や区域などをしめす目印。ロープで海底などにつながれている。空気いりのプラスチックボールや、軽い発泡スチロールがつかわれる。

うき橋

うき

釣りで、たらした糸の場所をわかりやすくし、その動きによって、魚がくいついたことをしらせるはたらきをする。

湖などで、水面にうかせてわたれるようにした橋。橋にはたくさんの大きなうきがついている。風や水の流れで橋の形がかわる。

浮力の大きい塩湖「死海」

アラビア半島のヨルダンとイスラエルにまたがる湖「死海」は、水中の塩分がとてもこいため、浮力がとても大きく、体がぷかぷかとういてしまいます。

空気にうくもの

水だけでなく、空気中でも浮力ははたらいています。気体の重さや、空気の密度のちがいによって、空気にうかぶものがあります。

熱気球

上部の袋の中の空気をねっしてとぶ気球。あたためられた空気は膨張して軽くなり、浮力がうまれる。

飛行船

空気より軽いヘリウムをガス袋にいれ、その浮力でとぶ航空機。

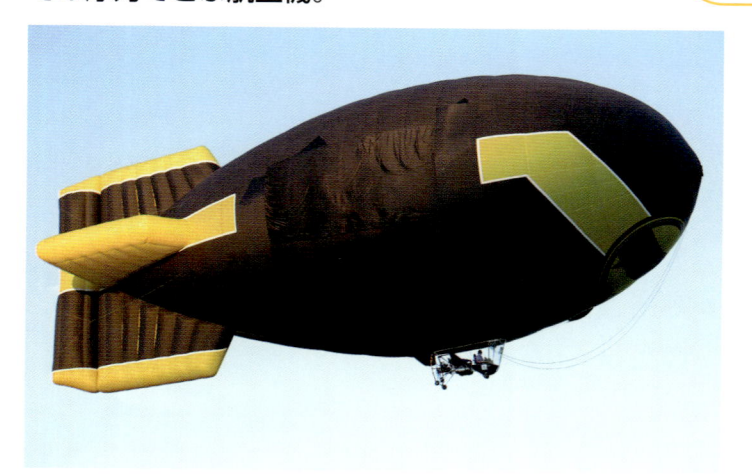

風船

うかぶ風船の中には空気より軽いヘリウムガスがはいっている。小さな風船だとガスの量がたりず、うかばない。

アドバルーン

宣伝広告やイベントなどにつかわれる気球。ヘリウムガスをいれて上空にうかせている。

スタート地点

ゾウの重さをはかるには？

中国の昔話にでてくる問題に挑戦しましょう。

問題

100kg まではかれるはかりをつかって、
ゾウの重さをはかるには
どうすればいいでしょうか。
はかり以外のものも
つかってよいことと
します。

う〜ん。100kg まで
しかはかれないはかり
じゃ、絶対ゾウの体重
ははかれないよね！

答え

1 まずゾウを船にのせ、ゾウの重みでしずんだ位置にしるしをつける。

2 ゾウを船からおろし、今度は 1 つが 100kg 以下の石をのせていき、しるしのところまでしずむようにする。

3 船にのせた石の重さをはかりではかって合計したものがゾウの重さ。

なるほど！
浮力を利用して
はかるんだ！

解説

これは中国の昔話にでてくるエピソードです。船がうかぶのは、しずんでいる部分がおしのけた水の重さと同じ浮力をうけているからです。船がどれだけ水にしずんでいるかは、その重さと関係があります。これを利用してゾウの重さをはかったのです。

アルキメデスの浮力発見

アルキメデスは、古代ギリシャの科学者です。彼が「水中にある物体は、その物体がおしのけた水の重さと等しい浮力（上に向かう力）をうける」という、浮力の原理「アルキメデスの原理」を発見したのは、今から2200年以上前の紀元前240年といわれています。その発見のきっかけになったのは、こんな出来事でした。

◆王冠をこわさずにまぜ物を見やぶれるか

古代ギリシャのシラクサの王ヒエロン2世は、金細工師に純金をわたし、

「この純金をつかって、王冠をつくるように」

と、命じました。しばらくして金細工師は、黄金色にかがやく美しい冠をつくって王様に納めました。ところが、「あの王冠は、純金に安い金属をまぜてつくったものだ。王様はだまされている」といううわさがたったのです。

わたした金の一部を金細工師にぬすまれたのではないかとうたがった王様は、アルキメデスをよび、

「この王冠に金以外のまぜ物がはいっていないかしらべるように。ただし、王冠をこわしてはならない」

と命じました。

アルキメデスはまず、王様が金細工師にわたしたのと同じ量の純金と王冠を、天びん棒の左右につるしてみました。すると、天びん棒はつりあい、どちらも重さは同じだということがわかりました。だからといって、王冠がすべて純金でつくられているとはかぎりません。元の純金と同じ重さになるように、ほかの金属がまぜられているかもしれないのです。アルキメデスはこまってしまいました。

「まぜ物がはいっているかどうか、どうすればわかるのだろう。たしかめる方法は必ずあるはずだ」

アルキメデスは、昼も夜もかんがえつづけました。ある日、公衆浴場でアルキメデスが湯船につかると、湯船からどっとお湯があふれだしました。それ

をみたアルキメデスは、はたとおもいついたのです。物体が水をおしのけるとき、おしのけた水の量（重さ）だけ、軽くなるのではないか、と。彼はうれしさのあまり、はだかなのもわすれて表にとびだし、「エウレーカ、エウレーカ！（わかったぞ、わかったぞ！）」とさけびながら、通りをはしったといわれています。

◆水の中で実験

アルキメデスは、天びん棒の両はしに純金と王冠をそれぞれつるしてバランスをとり、そのまま水の中にいれてみました。すると、王冠のほうがうき、純金のほうがしずんで、天びん棒のバランスがくずれたのです。王冠には純金よりも軽い銀などがまぜられていたため、同じ重さの純金よりも体積が大きくなり、その分だけ浮力が大きくなったというわけです。

この実験は金細工師の罪をあばいただけではなく、のちの科学や技術の進歩につながる「浮力の発見」となりました。

表面張力の ふしぎ

水などの液体がもつ
「表面張力」という力。
雨粒が丸くなったり、
アメンボが水面にたっていられるのも、
表面張力のおかげです。

実験室

墨流し

墨汁と洗剤をつかって、
水面にふしぎな模様をつくります。
水の力がうみだす模様を
楽しみましょう。

- ☐ 墨汁
- ☐ 綿棒　2本
- ☐ ストロー　1本
- ☐ 台所用洗剤
- ☐ 水
- ☐ 洗面器
- ☐ 小皿など　2つ
- ☐ 書道半紙

やり方

1 台所用洗剤を30倍くらいの水でうすめた洗剤液と墨汁を小皿などにいれておく。
洗面器にきれいな水をいっぱいにはる。

2 綿棒に墨汁を少しつけ、水面の中央にちょんとつける。
水面に墨汁がひろがる。

3 もう1本の綿棒に洗剤液をつけ、2の墨汁の中心にちょんとつける。
墨汁が輪になる。

4 2と3を何度もくりかえし、しま模様をつくる。

5 ストローをつかって、うず模様をつくる。

ストローで息を吹きかける。

ストローで水面をきるようにうごかす。

6 模様が完成したら、書道半紙をそっと水面にのせて模様をうつしとり、丁寧にもちあげる。
平らなところにおくか、つりさげてかわかす。

できあがり

一度つくったあとの水面は墨や洗剤液でよごれています。
2回目からは、洗面器に水をそそいであふれさせたり、キッチンペーパーをのせて水面のよごれをとりのぞいてからやりましょう。

同じ模様は二度とできないから、何度もやってみよう！

解説

どうして墨と洗剤で模様ができるの？

水のような液体の表面には、ゴムまくのようにひっぱりあう力がはたらいています。その力を「表面張力」とよびます。水は特に表面張力が強い液体で、水滴が丸くなったり、コップにいれた水がもりあがったりするのも、表面張力のはたらきです。

水面についた墨汁は、水の表面張力にひっぱられてうすくひろがります。洗剤は表面張力を弱くするはたらきがあるため、中心に洗剤をつけると、墨は表面張力の強い外側にひきよせられて輪になるのです。

これをくりかえすと、しま模様ができます。洗剤と墨の層は、水の表面張力のおかげでかさなったりまざったりせずに、美しい模様ができあがるのです。

台所用洗剤のかわりに、せっけんやシャンプー、鼻のあぶらなども表面張力を弱めるはたらきがあるよ。

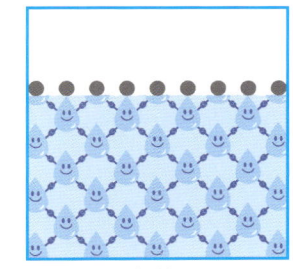

洗剤をつける前

墨のつぶが水面にうかぶ。

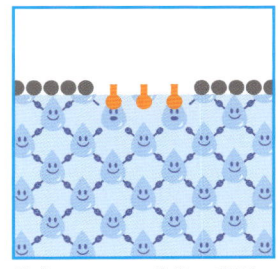

洗剤をつけた後

洗剤がついた部分の水面は、表面張力が弱まる。

1円玉は水の表面張力の力でうかせることができるが、洗剤をたらすとしずんでしまう。

西洋うまれの「マーブリング」

あざやかな色のマーブリング。

日本につたわる墨流しは、今から1200年ほど前にうまれたといわれています。

西洋にも、墨流しににた技法があります。ゴム樹脂の水溶液をバットにはり、水をはじく絵の具をおとして模様をえがきます。大理石（マーブル）のしまのような模様ができることから、「マーブリング」とよばれています。

発見隊

まとまろうとする液体

できるだけ表面を小さくまとまろうとする、液体の「表面張力」という性質。どんな場面でみられるでしょうか。

ミルククラウン

容器にはいった牛乳に、牛乳を1てきたらすと、王冠のような形ではねることがある。この王冠の先にできる玉は、表面張力によるもの。クラウンは水でもできる。

ハスの葉

ハスの葉の表面には細かい凹凸があり、それによって水をはじく。これを「ロータス効果」とよぶ。水が葉にくっつかないため、表面張力のはたらきで丸くなるようすがよく観察できる。水は表面張力が強い液体なのがわかる。

コップの水

水をコップにそっとそそぐと、コップのふちをすぎた上まで、水をあふれさせずにいれることができる。このとき、表面張力によって、水はコップのふちで丸くもりあがっている。

丸くなった水をみつけよう！

表面張力によってできる、丸い水玉をさがしてみましょう。

クモの巣

雨あがりや、朝つゆが
おりたクモの巣には、
小さな水玉がたくさん
ならんでいる。

葉のしずく

水がしずくとなっておちるとき、そのすがた
は丸い水玉になる。雨も基本の形は球形だが、
空気の抵抗をうけておちてくるため、大きな
雨粒は底面が平らなおまんじゅう形になる。

ガラスの上

よごれのない新しいガラスや、水をはじく加工を
したガラスの上には、きれいな水玉ができる。

布地の上

水をはじく布地には、水がしみず、水玉ができる。
布にかけ、水をはじくようにするスプレーもある。

表面張力をつかったもの

表面張力の性質をいかしているものには、どんなものがあるでしょうか。

アメンボ

アメンボの体は軽く、あしの先には
水をはじく細かい毛がはえている。
水上のアメンボは、表面張力によっ
て水面をやぶらずにういていられる。

コンタクトレンズ

レンズと目の間にある涙の表面張力が、
おたがいをひきつけているので、レンズ
は目からはずれにくい。

スポイト

水などの液体を1
てきずつおとせる
器具。手をはなし
ても中の液体がお
ちてこないのは、
液体の表面張力の
ためだ。

表面張力の強い金属「水銀」

水銀は、常温で液体の金属です。こぼすとコロ
コロと丸くなります。蛍光灯や血圧計につかわ
れていますが、毒性がとても強い物質です。

洗剤のはたらき

洗剤はどうやってよごれをおとすのでしょうか。そのひみつは表面張力を弱める洗剤のはたらきにあります。

洗剤のひみつ「界面活性剤」

墨流しの実験では、水面にひろがった墨汁に洗剤をつけると、いっしゅんで墨汁が輪になりましたね。これは、洗剤にふくまれる「界面活性剤」とよばれる物質が、水の表面張力を弱めたからです。

普通、油と水はなじみにくいものですが、界面活性剤は1つの物質の中に、油になじみやすい部分と、水になじみやすい部分の両方をもっています。水に洗剤をたらすと、水面が界面活性剤におおわれるので、表面張力が弱まるのです。

●界面活性剤のつくり

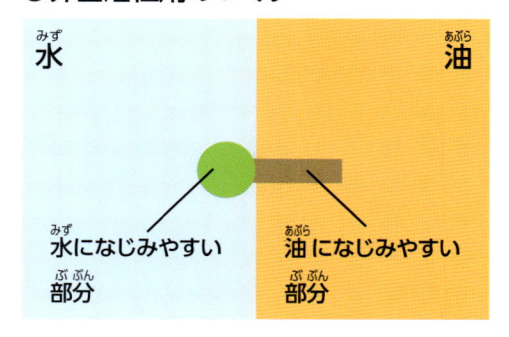

水　油
水になじみやすい部分　油になじみやすい部分

水と油をまぜる実験

界面活性剤のはたらきをたしかめてみました。

赤い色をつけた水とサラダ油をまぜる。

しばらくすると、水と油は分離してしまう。

洗剤をいれると水と油がまざって白くにごる。

洗剤の界面活性剤が、水と油をむすびつけるからまざるんだ！

界面活性剤がよごれをおとすしくみ

洗剤でよごれをおとすために、界面活性剤には大きくわけて3つの役割があります。

1 水にぬれやすくする

水の表面張力を弱めて、皿や布、髪など、あらうものが水にぬれやすくする。

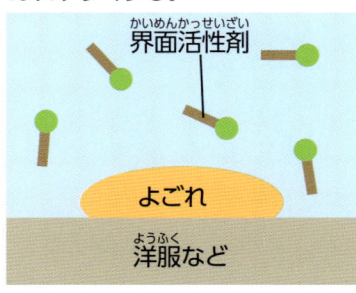
界面活性剤
よごれ
洋服など

2 よごれをつつみこむ

油になじみやすい部分が油よごれにくっついて、よごれをつつみこむ。

3 よごれを水にすいよせる

水になじみやすい部分が外側にならぶことで、よごれが水にすいよせられる。こうしてよごれがおちる。

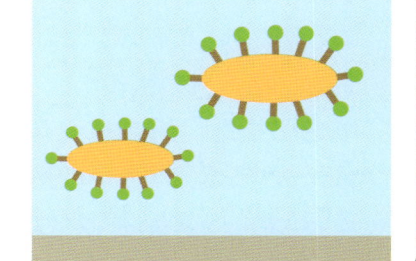

毛細管現象

表面張力のはたらきでおこる現象のひとつに「毛細管現象」があります。一体どんな現象なのでしょうか。

毛細管現象とは液体の中に細い管をいれると管の中を液体がのぼる現象です。なぜそんなことがおこるのでしょうか。

ガラスの管を水にいれると、ガラスと水がひきあって水が管のかべをのぼり、水面がくぼみます。ところが水は表面張力が強いので、水面を平らにしようとして下の水をひきあげます。すると、またふちの水がガラスのかべをのぼり、水面がくぼみます。こうして同じことがくりかえされ、水面をもちあげようとする表面張力と、もちあげられた水の重さがつりあうところでとまります。このようにして水がすいこまれるのが、毛細管現象です。管が細いほど、のぼる水の重さが軽くなるので、水はより高い位置まであがります。

また、管が水にぬれないものでできている場合には、水とひきあわないため、水面は反対にさがります。

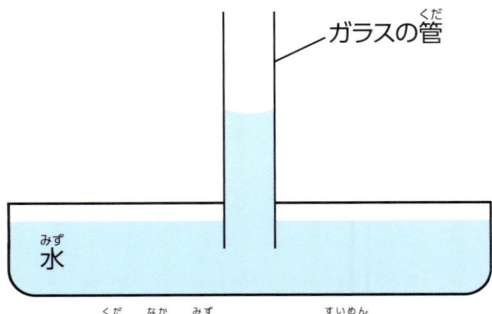

ガラスの管の中を水がのぼり、水面がくぼむ。

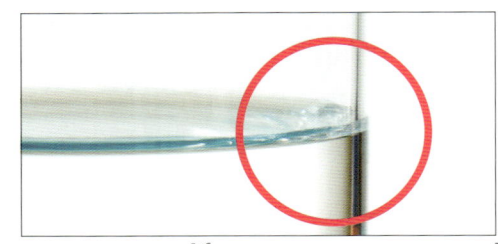

ガラスのコップに水をいれると、コップのふちで水がもちあげられる。これと同じことが細い管の中でおこり、表面張力のはたらきで毛細管現象になる。

水にぬれやすい性質をもっているほど、毛細管現象がおこりやすいよ。

身近な毛細管現象

毛細管現象は、ガラス管だけでおこる現象ではありません。わたしたちの身のまわりのさまざまなところで役にたっています。

植物

植物が根からすいあげた水は、導管とよばれる細い管をとおって葉までとどけられる。毛細管現象がそれをたすけている。

タオル

タオルの表面には、パイルとよばれる輪になった糸がびっしりとならんでいる。糸の繊維にはこまかいすき間がたくさんあり、毛細管現象によって水分がすいこまれていく。そのため、タオルは吸水力が高い。

しもばしら

気温が氷点下になると、毛細管現象によって地中の水分が土のすき間をのぼってこおり、地表のこおった土をおしあげる。

慣性の<ruby>慣<rt>かん</rt></ruby><ruby>性<rt>せい</rt></ruby>の ふしぎ

自動車の急ブレーキで体が前にかたむくのは、
自動車がとまっても体はうごきつづけようとするから。
このようなうごきはどうしておこるのでしょうか。

実験室

野菜のニュートンスティック

輪切りにした野菜を菜ばしに
さしてトントンたたくと、
野菜はいったい
どうなるでしょうか。

用意するもの

□ サツマイモ
　（ダイコン、ニンジン、
　ジャガイモなどでもよい）
□ 菜ばし
□ 木づち（金づちでもよい）
□ 包丁

やり方

1 サツマイモを輪切りにして、中心に菜ばしをさす。

2 次の①と②で、サツマイモはどうなるか、予想してからやってみましょう。

① 菜ばしの上をもち、5cm ぐらい上から何度か地面におとす。

サツマイモが菜ばしをのぼっていくか、さがっていくか、どっちだとおもう?

② 菜ばしの上のほうを軽くにぎり、菜ばしの上を木づちでトントンとたたく。

どっちかな〜?

どっちもさがっていって、おちちゃうんじゃないかな?

解説

実験の結果はどうなったでしょうか?

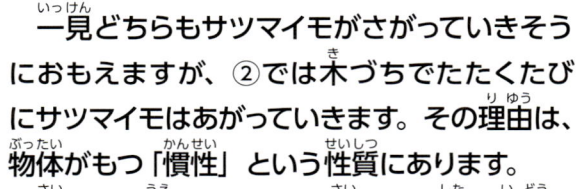

① サツマイモがさがった。

② サツマイモはあがった。

　一見どちらもサツマイモがさがっていきそうにおもえますが、②では木づちでたたくたびにサツマイモはあがっていきます。その理由は、物体がもつ「慣性」という性質にあります。

　菜ばしを上からたたくと菜ばしは下に移動しますが、サツマイモは同じ位置にとどまろうとするのです。そして、たたいた後すぐに手を元の位置にもどすので、サツマイモがあがってくるようにみえるのです。

　これは板にくぎをうつときとにています。金づちでくぎをたたくと、板はうごかずにくぎだけがうちこまれていきます。サツマイモが板、菜ばしがくぎにあたります。

　①の場合は、菜ばしを地面におとしたとき、サツマイモはその場にとどまりますが、菜ばしは手でひきあげるので、サツマイモがおちるようにみえるのです。

慣性の法則
力をくわえなければ、うごいている物体はうごきつづけ、とまっているものはとまったままでいようとする。

　慣性の法則によれば、ころがるボールはいつまでもころがりつづけます。しかし、実際には平らな地面ではころがる速度がだんだん小さくなって、いつかはとまってしまいます。それはボールのうごきをとめようとする「摩擦力」（→ p83）がはたらくからです。

　ボールがかべなどにぶつかってとまったり、反対の方向にころがったりするなど、外から力がくわえられるとボールのうごきはかわります。

人工衛星は、慣性と地球の引力がつりあうことで、おちたり宇宙にとびだしたりせずに地球のまわりをぐるぐるまわることができるんだ。

そこにいつづける性質

とまっているものは、外から力をくわえられないかぎり、そのままそこでうごかずにいます。これは「慣性」とよばれる、ものの性質のひとつです。

風船の中の水

水のはいったゴム風船がわれた瞬間。水はまだ風船の形をしているが、この後、重力によって下におちる。

だるまおとし

上のだるまをたおさないように、下のつみかさなった円柱を木づちでうちぬいていくおもちゃ。上手にうちぬけば、だるまは慣性により横にずれることなく一段おちてくる。

テーブルクロスひき

上においてある食器などをたおさずに、テーブルクロスをひきぬくことができる。マジックや芸としてしられている。

まっすぐすすむ・回転する

まっすぐうごいているものは、そのままずっとまっすぐにうごこうとします。じくを中心にまわっているものは、その回転をつづけようとします。これらも「慣性」という性質です。

大玉ころがし

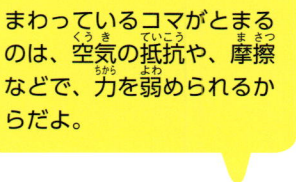

ころがっているボールや、まわっているコマがとまるのは、空気の抵抗や、摩擦などで、力を弱められるからだよ。

大玉ころがしでむずかしいのは、すすむ方向をかえるところ。まげたい方向へ力をくわえないと、玉はまがらない。

カーリング

氷の上にストーンをすべらせて得点をきそいあうカーリング。ストーンのゆく先の氷をブラシをこすることで、すすむスピードやまがりかたを微調整する。

スピードスケート

コーナーをまがる選手たちは、体をトラックの内側にかたむけ、内側へ内側へと足をはこぶ。慣性でまっすぐすすんでしまうところを、重心移動と足さばきをつかい、まがっていく。

コマ

同じようにコマをまわしたとき、重いコマのほうが慣性力が大きくなり、長い時間まわる。

フィギュアスケート

スピンのとき、ひろげた手をちぢめると回転が速くなる。これは回転じくから手の先までの距離が近くなり、回転するのに必要な力が少なくてすむぶん、回転が速くなる。

ハンマーなげ

体を高速で回転させてハンマーをふりまわし、いきおいをつけてから、手をはなしてとばす。ハンマーは慣性によってとんでいく。

体にかかるふしぎな力

電車の中

電車が発車したときや加速したときは、体が後ろにひっぱられ、減速するときは、進行方向へおしだされる。

エレベーターのうごきだしや停止のとき、体がういたり、おさえつけられたりするように感じます。うごく乗り物などにのったときにかんじるこのような力を「慣性力」とよびます。

回転ブランコ

回転ブランコにのったときかんじる、回転の外側へとはたらく遠心力も慣性力のひとつ。

ジェットコースター

速いスピードにのって、上下左右へと、すすむ方向がはげしく変化するジェットコースターは、慣性力を強くかんじることができる乗り物だ。

ジャイロ効果

まわっているコマやはしっている自転車がたおれないのはなぜでしょうか？

どうしてコマはたおれない？

まわっていないコマはたおれているのに、どうしてまわっているとたおれずにたっていられるのでしょうか？

その理由は「ジャイロ効果」です。ジャイロ効果とは、回転することで姿勢を安定させようとする現象のことをいいます。

まわっているコマは、何かにぶつかってたおれそうになっても、回転のスピードが速ければ、また姿勢をたてなおしてまわりつづけます。ところが地面との摩擦などによってだんだんスピードがおちてくると、ぐらついてたおれてしまいます。ジャイロ効果は、回転のスピードが速いほどはたらきが大きくなるのです。

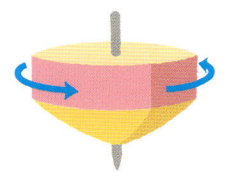 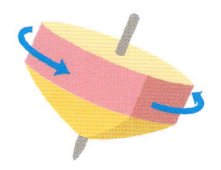

いきおいよくまわっているとき、回転する面は安定している。

スピードがおちてくるとかたむく。

走っている自転車がたおれにくいわけ

はしっている自転車の車輪は、ちょうどコマを90度たおした方向にまわっているのと同じです。そのため、ジャイロ効果がはたらき、スピードをだすほどたおれにくくなるのです。

そのほかに、自転車がたおれにくい理由が2つあります。1つは、自転車のつくりです。ハンドルから前輪をつなぐ部品がななめになっていて、先が「く」の字にまがっていることで、重心がさがってバランスがとりやすくなっています。

もう1つは、自転車がかたむくと、のっている人はハンドルを反対にきり、体を逆側にずらしてたおれないようにバランスをとるからです。

1 ジャイロ効果
車輪の回転じくが地面と平行になろうとする。

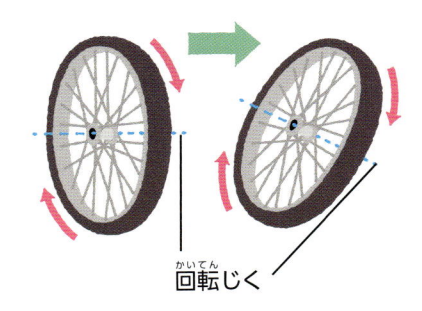

回転じく

2 たおれにくい形
ハンドルと前輪をつなぐ部品がななめになり、先がまがっている。

ハンドルと前輪をつなぐ部品

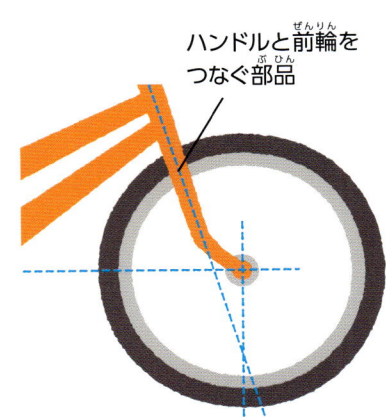

3 人がバランスをとる
たおれそうになると、ハンドルをきってバランスをとる。

ジャイロ効果をみつけよう

コマや自転車のほかに、身のまわりでみられるジャイロ効果をさがしてみましょう。

ヨーヨー

ハンドスピナー

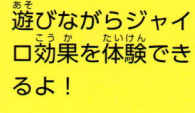

遊びながらジャイロ効果を体験できるよ！

皿まわし

ジャイロ効果であそぼう

ペットボトルの輪でつくるおもちゃです。回転をかけてなげると、ジャイロ効果によってまっすぐに遠くまでとんでいきます。

作り方

1 丸いペットボトルのまっすぐな部分を、幅6cm にきる。

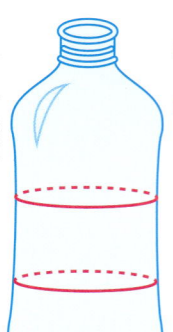

2 片側のふちにビニールテープを6周くらいまく。

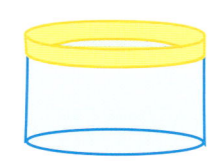

遊び方

ビニールテープをまいたほうを前にしてつかみ、指で回転をかけてなげる。

遊園地でいろいろな力を発見！

遊園地には、胸がわくわくするような楽しい乗り物がいっぱいですね。遊園地は、自分自身の体をとおして、「慣性力」などの科学のふしぎを体験できる場所でもあります。

それでは、遊園地の乗り物でどんな力を体験できるのかをみていきましょう。

● ジェットコースター

遊園地の乗り物の中でも、スピードとスリルが魅力のジェットコースター。特に、はしっている途中で乗り物ごと逆さになるループコースターは、スリル満点です。のぼったりくだったり、ループ（輪になっているコース）の頂点などの場面で、それぞれどのような力がはたらいているのでしょうか。

→ 「慣性力」または「遠心力」のはたらく方向

→ 「重力」のはたらく方向

くだる途中

スピードがどんどん速くなり、体が後ろにおされる。これは、スピードがますことで、進行方向とは逆向きに「慣性力」がはたらくから。

いったん下までくだったとき

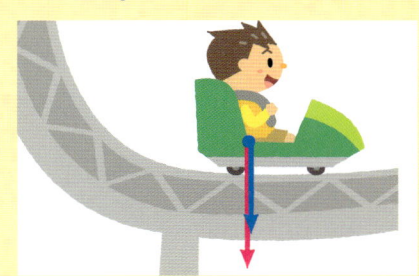

体が下におしつけられて重たくかんじる。「重力」と同じ下向きに「遠心力」がかかっている状態。

ループの頂点では

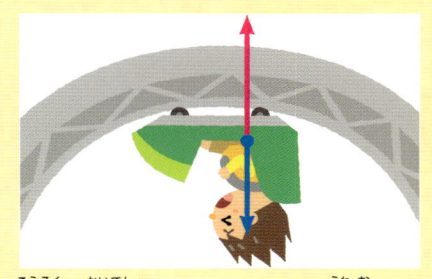

高速で回転することによって、上向きの強い「遠心力」がはたらく。「重力」より「遠心力」が大きくなるので、逆さになってもおちない。

● バイキング（海ぞく船）

船の形をした巨大なブランコが前後にゆれるバイキング。上部の支点から60度前後に大きくゆれるため、真下から上にむかいはじめるときには「遠心力」が下向きにはたらいて体がおしつけられて重くかんじ、下にむかうときには「無重力」に近い状態になって体がふわっとうく感覚をあじわえます。このような体にかかる力のちがいを、往復するたびにかんじることができます。

科学探検隊

●フリーフォール

フリーフォールは、高い所から一気におちるスリルをあじわう乗り物ですが、宇宙で「無重力」の状態ですごさなければならない宇宙飛行士の訓練にもつかわれているといわれています。

フリーフォールの一番上までひきあげられた座席は、上へひっぱる力がなくなれば、「重力」のはたらきで、一気に下へおちていきます。このとき、乗客は座席に安全バーで固定されていますが、体がふわっとうく感覚を体験します。

落下するとき、のっている人は上向きの慣性力をかんじます。それが重力とうちけしあって「無重力」の状態になり、ふわっと体が軽くなったような感覚になるのです。

●ゴーカート

ゴーカートにのって一定の速さではしっていてブレーキをかけると、摩擦力で車はとまりますが、のっている人の体はうごきつづけようとして、体が前のめりになります。この力が慣性力です。

ゴーカートでブレーキをかけると…

摩擦力　　　　　　　　　　　　　慣性力

摩擦力は、すすもうとする方向と反対の向きにはたらく。

●回転ブランコ

ブランコをつりさげている円の部分の回転が速くなるにつれて、高くあがっていく回転ブランコ。回転しているときには「遠心力」がはたらき、円の外側にひっぱられます。スピードが速いと遠心力が強くなるため、ブランコはななめに高くあがっていくのです。

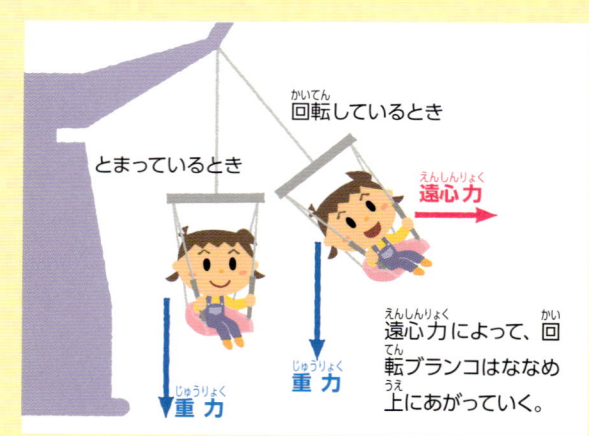

とまっているとき　　　回転しているとき
遠心力
重力　　　　重力

遠心力によって、回転ブランコはななめ上にあがっていく。

ふりこの ふしぎ

ふりことは、棒やひもにおもりをつけて
左右にゆれるようにしたものです。
ふりこのゆれ方には、あるきまりがあります。
どんなきまりなのか、
たしかめてみましょう。

実験室

ふしぎなふりこ

5円玉を糸で
つるしてふりこを
つくりましょう。
手をふれないのに、
あらふしぎ!
ふりこがひとりでに
うごきだします。

用意するもの

- ☐ 5円玉　6枚
- ☐ 糸（刺しゅう糸など）
- ☐ 菜ばし
- ☐ セロハンテープ
- ☐ 定規
- ☐ はさみ
- ☐ いすなど
　　（糸をはるためのもの）

実験1

作り方

1 5円玉のあなに糸をとおしてむすび、ふりこを6つくる。

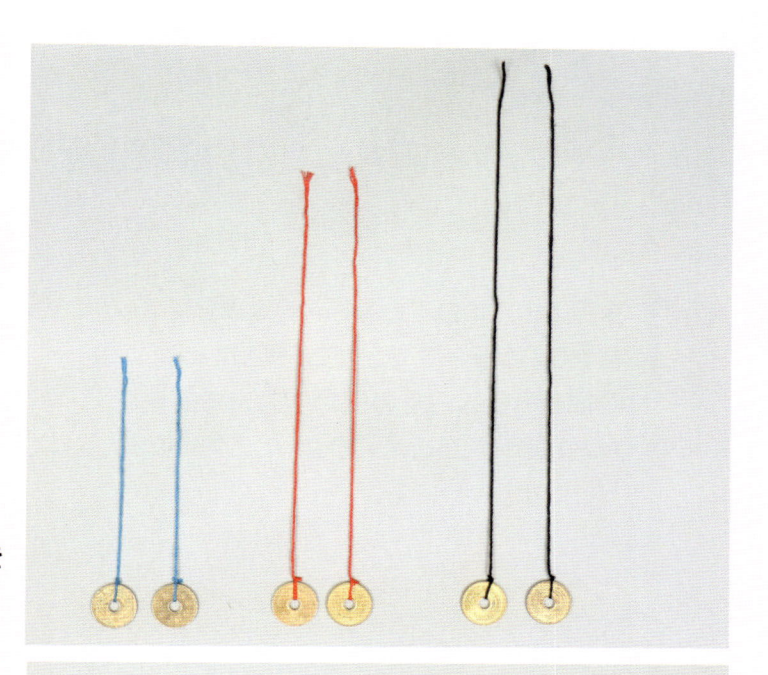

2 60cmくらいの長さの横糸に、1のふりこを5cmくらいの間隔でむすびつける。
5円玉から結び目までの長さが、15cm、25cm、30cmの3種類が2つずつになるように、定規ではかりながら結び目を調節する。両はしを同じ高さのいすなどにむすんでふりこをぶらさげる。

同じ長さのふりこがとなり同士にならないようにしよう。

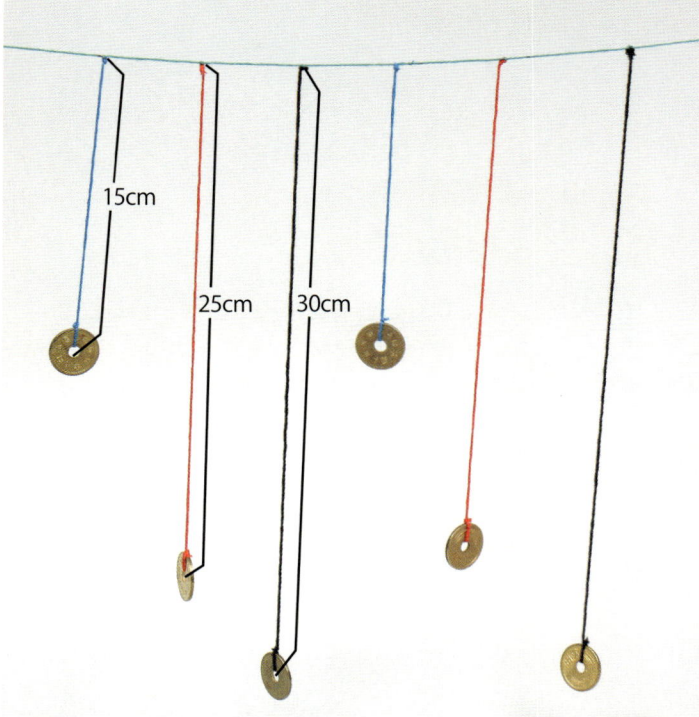

15cm
25cm
30cm

遊び方

1 ふりこのどれか1つを指でゆらす。

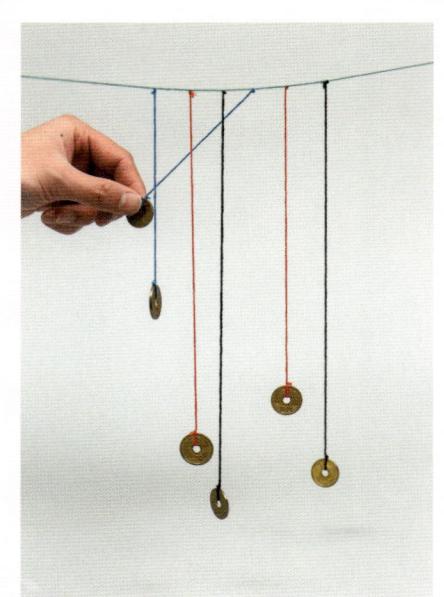

2 しばらくすると、同じ長さのもう1つのふりこがゆれはじめる。

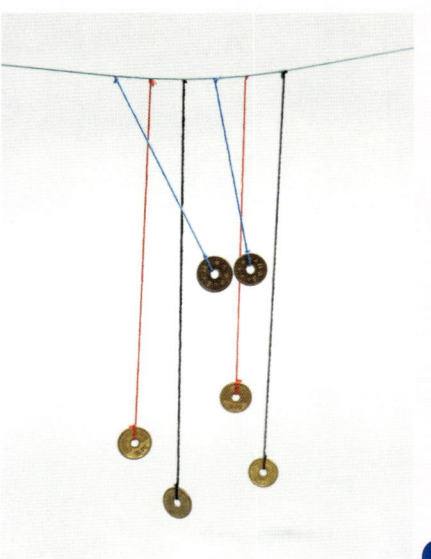

実験2

作り方

1 5円玉の穴に糸をとおし、両はしを菜ばしにセロハンテープでとめてふりこにする。菜ばしから5円玉の穴の中心までの長さが、15cm、25cm、30cmの3種類のふりこにする。

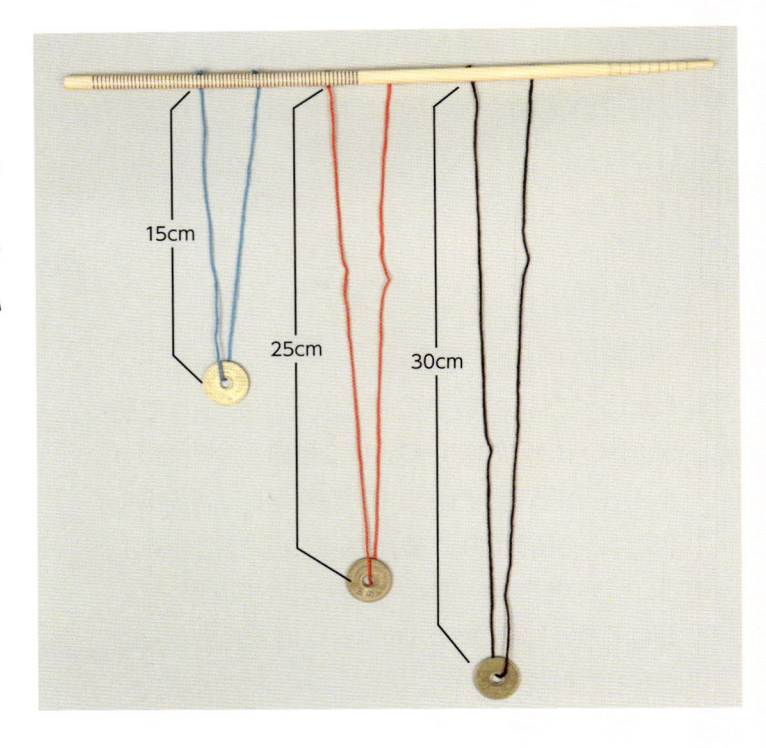

15cm
25cm
30cm

遊び方

1 菜ばしの両はしをもって、ふりこをぶらさげる。見ている人にふりこを1つえらんでもらう。そのふりこをみつめながら、はしをもつ手を小きざみにうごかす。

2 うごかしたいふりこが少しゆれはじめたら、そのゆれにあわせて手をうごかす。すると、さらにふりこのゆれが大きくなる。

これ！

どうしてほかのふりこはうごかないのかな？

さわっていないふりこがゆれだすのはなぜでしょう？

ふりこが1往復する時間は、ふりこの長さによってきまります。長いふりこはゆっくりとゆれ、短いふりこは速くゆれるのです。おもりの重さやふれ幅によっては、時間はかわりません。これがふりこのきまりです。

実験1では、3種類の長さのふりこが2つずつつるされていて、1つのふりこをゆらすと、同じ長さのもう1つのふりこがひとりでにゆれはじめました。これは、最初にうごかしたふりこのゆれが、もう1つのふりこにつたわったからです。このとき長さのちがうふりこはゆれません。

また実験2では、目当てのふりこのゆれにあわせて手をうごかすことで、ゆれを大きくすることができます。

どちらの実験も、ふりこのきまりを利用した手品のような実験です。

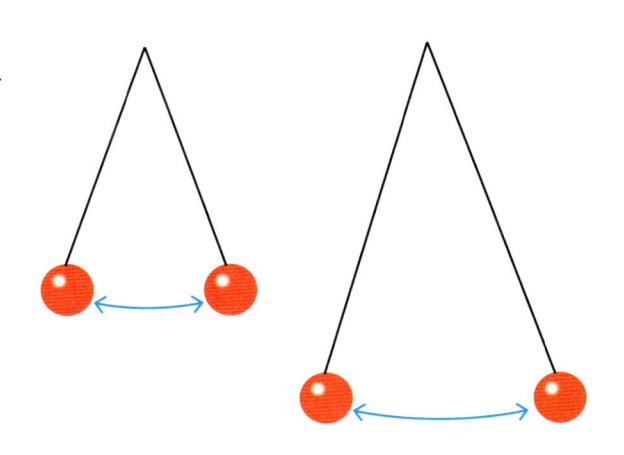

長いふりこはゆっくりとゆれ、短いふりこは速くゆれる。

マジシャンになった気分でやってみよう！

ふりこの原理の発見

1564年、イタリアのピサにうまれたガリレオは、天体のしくみや物体のうごきについていくつもの大発見をした科学者です。彼がふりこのきまりを発見したのは、偶然によるものだといわれています。

彼がまだ大学生だったある日、ピサの寺院の天井につるされていたランプが左右にゆれているところをみていました。ランプは風によってあるときは大きく、またあるときは小さくゆれていました。

その当時、まだ時計が発明されていなかったため、ガリレオはランプが往復する時間を自分の脈拍とくらべてはかりました。

そして、大きくゆれても小さくゆれても往復する時間はかわらないことに気づいたのです。ガリレオはさらに実験をかさね、「ふりこの等時性」の原理を発表しました。

発見隊

リズムをきざむふりこ

くらしの中でよくふりこがつかわれてきた場所といえば、時計です。一定の周期でふれるふりこは、時間をはかるのにぴったりなのです。

ふりこ時計

柱につるす柱時計のほか、置き時計もある。ふりこが左右にふれて、時をきざむ。水晶の振動をつかったクオーツ式の時計が発明されてからは、あまりつかわれなくなった。今はかざりとしてのふりこがついている時計もある。

ふりこ時計の内部のふりこと、歯車、ねじ。ふりこのゆれがとまらないように、ぜんまいばねをまいて動力とした。

音楽でテンポをはかるときにつかう道具。左右にふれるふりこのおもりの位置をかえることで、テンポの速さを調節する。

メトロノーム

プラハの巨大メトロノーム

チェコ共和国の首都プラハにあるレトナ公園には、高さ23mの巨大メトロノームがあり、ゆっくりと左右にうごいている。

いろいろなブランコ

つりさがった板にのり、ゆらゆらと前後にこぐブランコも、ふりこのなかまです。
運動場や公園にある遊具のほかにも、いろいろなブランコがあります。

空中ブランコ

サーカスで人気のある演目のひとつ。高い場所につった長いブランコをつかい、演技者がブランコから
ブランコへとびうつるなど、スリルのある曲芸が楽しめる。

ロープ1本のブランコ

木の枝に板などをロープでぶらさげたのがブラン
コのはじまり。1本ロープのブランコは、あらゆ
る方向へゆれる。今でもビーチなどでみられる。

バイキング

海賊船の形をした、遊園地などにある大型のブラ
ンコで、大勢でのることができる。空中高く、大
きく前後にゆれつづける。

ふりこがつかわれているもの

つるされ、ゆれるものをふりこといいます。さまざまなふりこのつかわれかたをみてみましょう。

衝突球（しょうとつきゅう）

「ニュートンのゆりかご」ともよばれる装置（そうち）。左端（ひだりはし）の玉（たま）がとなりの玉（たま）にぶつかると、左端（ひだりはし）の玉（たま）はとまって、右端（みぎはし）の玉（たま）がはじかれる。これが左右交互（さゆうこうご）にくりかえされる。物理（ぶつり）の実験（じっけん）のほか、おもちゃやインテリアとしてつかわれる。

垂直器（すいちょくき）

建設工事（けんせつこうじ）の現場（げんば）などで、ものの垂直（すいちょく）を確認（かくにん）する道具（どうぐ）。ふりこは静止（せいし）したとき、かならず垂直（すいちょく）になることを利用（りよう）している。

地震のゆれを記録するふりこ（じしんのゆれをきろくするふりこ）

地震計（じしんけい）は地震（じしん）のゆれを記録（きろく）する機械（きかい）です。その原理（げんり）にはふりこが利用（りよう）されています。

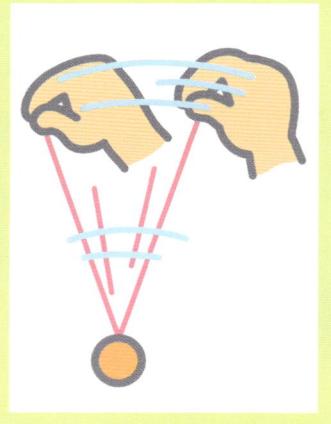
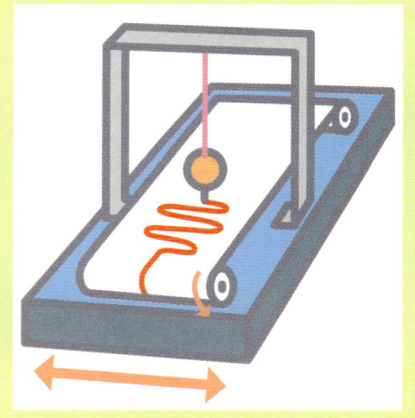

ふりこをもった手（て）をすばやくうごかすと、ふりこのおもりはとまった状態（じょうたい）になる。

ふりこのおもりにインクのでる針（はり）をつけて、その下（した）に記録紙（きろくし）をおく。地震（じしん）がくると、ふりこと紙（かみ）をおいた台（だい）は地面（じめん）といっしょにゆれるが、ふりこのおもりはうごかないため、ゆれが記録（きろく）される。

世界のふりこ時計

17世紀にクリスティアン・ホイヘンスにより発明されたふりこ時計は、20世紀にクォーツ時計が発明されるまで、最も正確な時計として用いられてきました。世界の有名なふりこ時計をみてみましょう。

ビッグ・ベン

イギリスの首都ロンドンにあるウェストミンスター宮殿（英国国会議事堂）の時計台のふりこ時計。時をつげる鐘はビッグ・ベンの愛称でよばれている。1859年に完成。高さ95m、4面にある時計盤は直径が7.5mもある。15分ごとに小さな鐘が、1時間ごとに大きな鐘がなる。

札幌市時計台

北海道札幌市にある時計台。明治14年（1881年）にふりこ時計をそなえた塔がたてられた。週に2回、2つのおもりをつるしたワイヤーを人の力でまきあげる。約140年前につくられて以来、いくつかの部品を交換した以外は、当初の機械が正確に時をしらせる鐘をならしつづけている。

ユックリズムふりこ時計

東京・新宿のビルにあるふりこ時計。高さ29.1m、ふりこの長さ22.5m、文字盤の直径が7.2mもあり、「世界最大のふりこ時計」としてギネスブックにものったことがある。時計の下にある小さな水車の力でふりこのうごきをたすけている。

> 100年以上も前につくられたふりこ時計が、今でもちゃんとうごいているんてすごいね！

フーコーのふりこ

レオン・フーコー（1819 − 1868 年）

　ふりこの公開実験で有名なフーコーは、フランスの物理学者です。

　1851 年、フーコーは、ふりこをつかって、地球がまわっていることを、だれもがわかるように目にみえる形で証明しました。実験によって一般の人にもわかりやすく科学のおもしろさをつたえた、先がけといえるでしょう。

◆地球の自転を証明する方法を考案

　フーコーの時代、地球が自転しているということは常識となりつつありましたが、知識としてはしっていても、このことを確認する方法は開発されていませんでした。

　「直接目に語りかける方法で、地球の自転を証明したい」

　そうかんがえたフーコーは、1851 年 2 月、パリ天文台の大ホールに学者などたくさんの人をまねいて、公開実験をおこないました。天井からつるされた、ワイヤーの長さ 11 m、おもりの重さ 5kg の大きなふりこをゆらす実験です。

　ふりこは外から力をくわえない限り、ゆれる方向は一定のはずです。ところが、この実験では、ふりこのゆれる方向は、時計回り（右回り）に少しずつずれていったのです。

　ふりこのうごきをみまもっていた学者たちは、みんな、おどろきました。

　「一定の方向にゆれているはずのふりこが時計回りに回転しているようにみえるのは、地球が反時計回り（左回り）に自転しているからだ」

　ということに気づいたからです。実際に回転していたのはふりこではなく、ふりこをみている人たちがたっている地球だったというわけです。

　この実験が評判となり、今度はパンテオン寺院のドームで一般公開の実験をおこないました。このときには、長さ 67 mもあるワイヤーに、直径 60cm、重さ 28kg の鉄の玉をおもりにした、さらに巨大なふりこをつかって、地球の自転を証明しました。

◆ふりこで証明

　地球は 1 日 24 時間かけて 1 回転、つまり 360 度まわっています。これを、地球の「自転」といいます。たとえば、地球が自転するじくである北極の上でふりこをゆらしたとすると、同じ方向にゆれつづけているはずのふりこは、6 時間後には時計回りに 90 度、24 時間後には 360 度回転するようにずれて、元の位置にもどるようにみえます。

　これは、地球が東向きに自転しているためで、実は、ふりこをみている人のほうが東向きに回転しているのです。

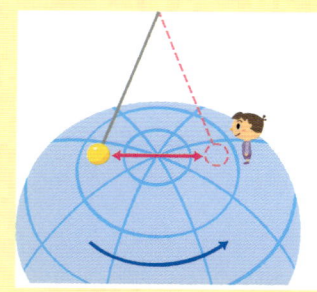 

ふりこを北極の上でゆらす。地球が東回りに自転する。

6 時間後、地球は 90 度回転するが、ふりこがゆれる向きはかわらない。

　東京上野の国立科学博物館をはじめ、日本国内にも海外にも、フーコーのふりこが再現されている施設はいくつもあり、地球の自転を自分の目で確認することができます。

　1 周にかかる時間は、観測する場所の緯度によってちがいます。北極点では約 24 時間ですが、フランスのパリでは約 32 時間、日本の東京では約 41 時間かかります。また、地球が東向きに自転しているため、ふりこは、フランスや日本がある北半球では時計回りに、南半球では反時計回りに回転していくようにみえます。

つりあいの
ふしぎ

天びんやシーソー、やじろべえなど、
身のまわりにはつりあいを利用したものが
たくさんあります。つりあいのしくみを
さぐってみましょう。

実験室

バランスとんぼ

ゆらゆらゆれる、とんぼの形のやじろべえです。
指先にのせたり、いろいろなところにとまらせたりしてあそびましょう。

用意するもの

- □ 工作用紙
- □ えんぴつ
- □ 定規
- □ はさみ
- □ のり

1 下のとんぼの図案を工作用紙にうつしてきりとる。
（コピーしてはりつけてもよい）

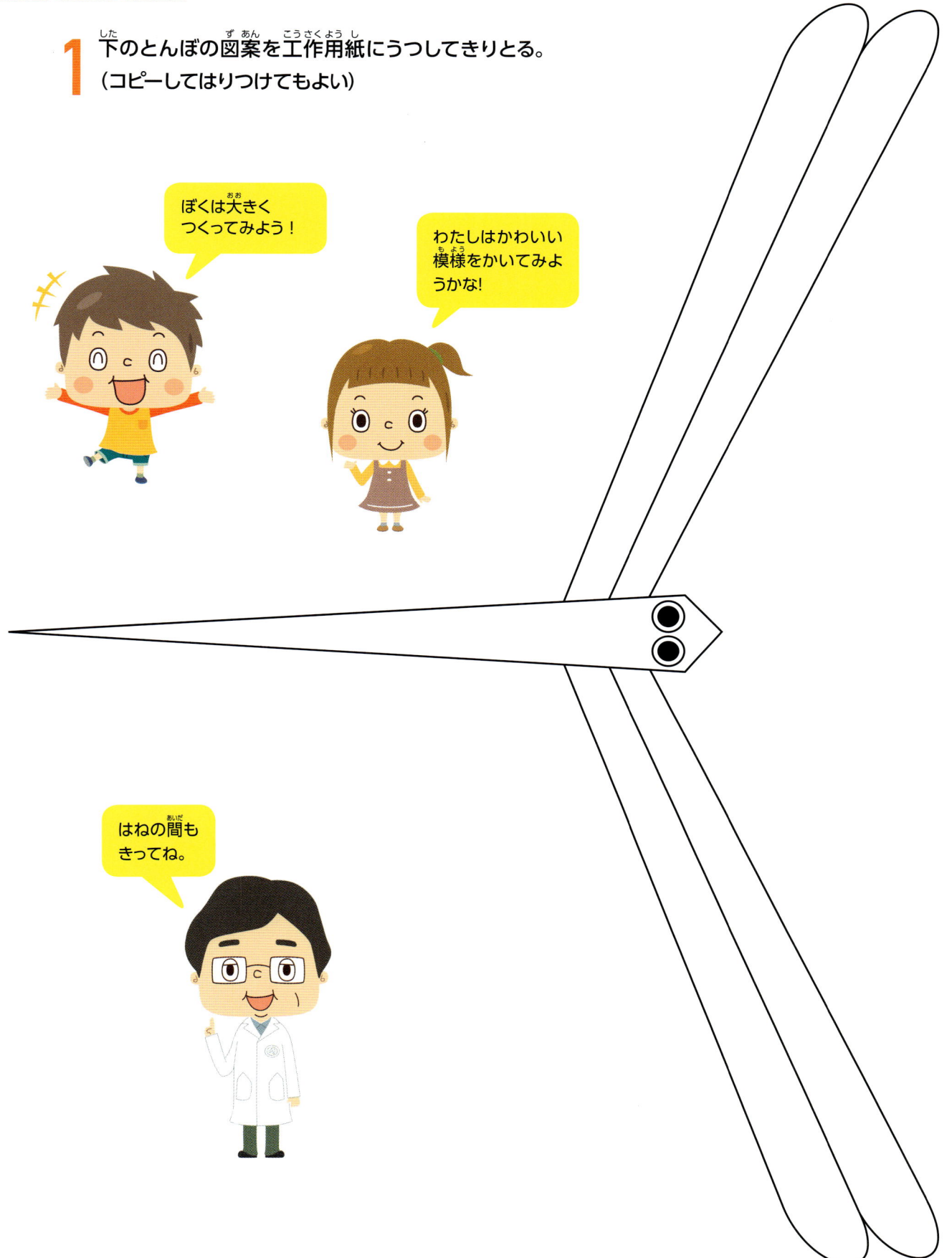

ぼくは大きく
つくってみよう！

わたしはかわいい
模様をかいてみよ
うかな!

はねの間も
きってね。

2 つりあいを調節する。

両方の羽根を根元から下におりまげる。

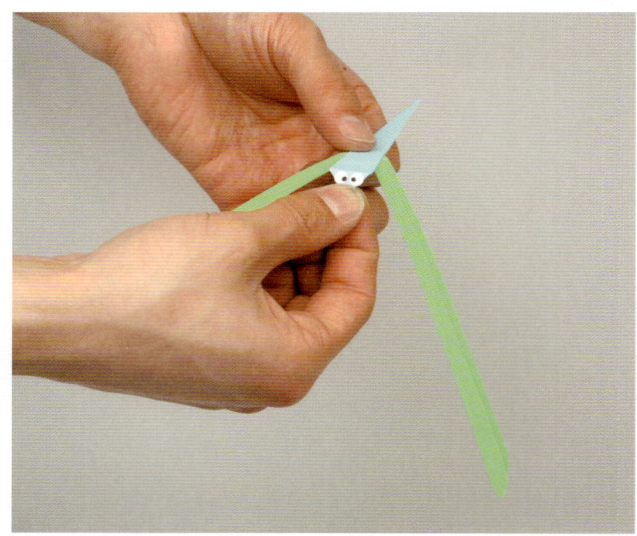

頭の先を下向きにおる。

3 口の先を指にのせてみて、つりあいがとれていればできあがり。

口先でとまってる！

つりあいがとれないときは、
● 左右にかたむくときは、さがっているほうの羽根のかたむきを少しゆるめる。
● 前後にかたむくときは、羽根をもっとさげたり、両方の羽根の先を少しきりおとす。

解説

とんぼはどうしてつりあうのでしょうか?

バランスとんぼは、ささえている口を中心にして、左右の羽根が同じ長さなので、左右につりあっています。また、横からみると、おしりが後ろに長くつきでていますが、左右の羽根が口よりも前にでているため、前後にもつりあうのです。

重心が支点の真下にくるとバランスがとれるんだ!

●前からみたところ

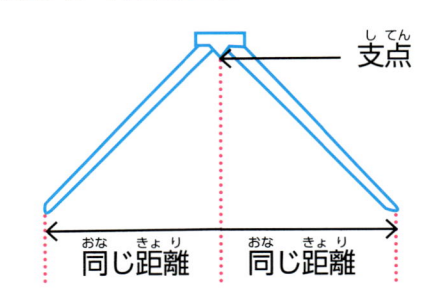

支点

同じ距離　同じ距離

●横からみたところ

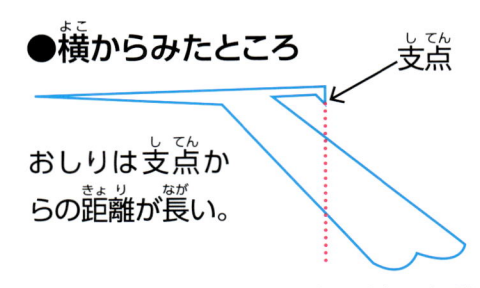

支点

おしりは支点からの距離が長い。

羽根の先は支点より前、かつ下になっている。

てこのはたらき

てこをつかうと、小さな力で大きなものをうごかすことができます。

右の図のように、棒をつかって石をうごかす場合でみてみましょう。このとき、ポイントになるのは3つの「点」です。

①力点：棒を下向きにおしている点。
②支点：棒をささえている、うごかない点。
③作用点：石をおしあげている点。

支点と作用点の距離は短く、支点と力点の距離を長くすると、てこのはたらきを大きくすることができます。

てこのはたらきは、滑車や自動車のハンドルなどの道具として活用されています。

支点

力点

作用点

発見隊

力のバランスに注目！

重さなどの力をつりあわせてものを安定させたり、反対にバランスをくずすことでうごかすなど、つりあいをうまくつかっているものをさがしてみましょう。

天びんばかり

天びんの左右の皿に、はかりたいものとおもりをのせ、つりあわせることで測定する。

郵便物用のはかり「レタースケール」。天びんの片側にはおもりがついている。

水車

水流や、水の重さを車の羽根にあてて回転させ、精米機などをうごかす動力をうみだす装置。

シーソー

じょうぶな長い板を真ん中でささえ、両はしに人がのり、上下にうごかしてあそぶ遊具。

やじろべえ

短い胴を支点にして、両側の長いうでの先についたおもりでバランスをとって、たっていられる人形。

天びん棒

天びんの両側に荷物をつるすことで、楽な体勢で、荷物を安定してはこぶことができる。

スラックライン

ピンとはったベルトの上を、おちないようにあるいたり、ジャンプしたりするスポーツ。上手な人は宙返りもできる。かなりのバランス感覚が必要になる。

てこをつかった道具

てこをつかえば、小さな力で大きな力をうみだすことができます。てこを利用した道具には、どんなものがあるでしょうか。

くぎぬき

板などにうちつけられたくぎをひきぬく道具。大型のものを「バール」という。くぎぬきのくいこみ部をくぎの頭にひっかけ、柄を下方向にたおしてくぎをぬく。

レンチ

ボルトやナットをしめたりゆるめたりするときにつかう。「スパナ」ともよばれる。支点はボルトの中心になり、ボルトの外側が作用点となる。

はさみ

支点を中心に、2まいの刃をあわせることで、紙などのうすくやわらかいものをはさんで切ることができる。

ペンチ

支点から作用点をみじかくすることで、針金をきったり、強くものをはさむことができる。

せんぬき

びんの容器についた王冠の下にせんぬきをあわせ、上にもちあげることで王冠をはずす。

力をつたえる装置

わたしたちの身のまわりには、てこ以外にも歯車やねじ、クランクなど力をつたえる装置がたくさんつかわれています。どんなものがあるかみてみましょう。

自転車

自転車のペダルをおす力は、クランクを通じて歯車を回転させ、歯車にかみあったチェーンが後輪をまわすしくみになっている。

クランク

うす

コーヒーミル

ハンドルをまわすとうすが回転してコーヒー豆をひくことができる。

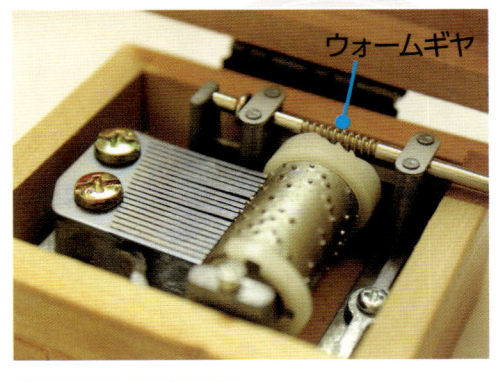

ウォームギヤ

オルゴール

ハンドルをまわすと、ウォームギヤの歯にかみあった歯車が回転し、ドラムがまわって音楽がかなでられる。

水車

水の力で水車がまわり、歯車をつうじて、きねが上下するうごきや石うすをまわすうごきにかわる。

石うす　　きね

かき氷機

ハンドルをまわすと、氷をおさえる部分のねじがさがっていく。氷は刃におしつけられて回転し、けずられる。

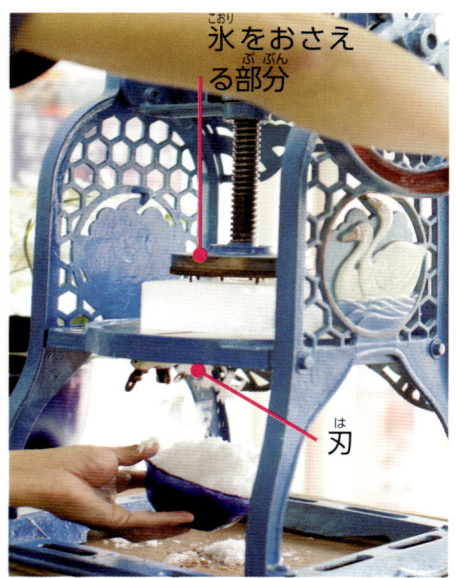

氷をおさえる部分

刃

歯車をほかの装置と組み合わせると、いろいろなことができるようになるんだね！

時計

時計の中には、秒針・短針・長針をまわすための歯車がたくさんはいっている。

アンティキティラ島の機械

　1901年、ギリシャの南にうかぶアンティキティラ島の沖にしずんでいた沈没船から金属製の機械のようなものがひきあげられました。

　調査の結果、それはたくさんの歯車を組み合わせた機械であることがわかりました。紀元前150年から100年ごろに、月などの天体のうごきを計算するためにつくられたものではないかとかんがえられています。部品やつくりはとても複雑にできていて、その時代の技術や天文や数学の知識の高さがわかります。

　歯車の歴史はもっと古く、今から約2300年前の紀元前350年ごろにはすでにつかわれていました。紀元前250年ごろには、アルキメデスもウォームギヤを利用した巻上げ機を発明しています。

アンティキティラ島の機械。クランクを回転させると、太陽や月、そのほかの天体の位置を計算し、日食や月食のおこる日を予測できたとかんがえられている。

摩擦の
ふしぎ

物と物とがこすれあうときにうける「摩擦力」。
それはじゃまになることもあれば、
利用されることもあります。
いろいろな摩擦をみていきましょう。

実験室

本でつな引き

ページを重ねた雑誌を両側から
力いっぱいひっぱってみましょう。
まるで紙と紙がくっついたみたいにはなれません。

用意するもの

□ 本や雑誌など
　(同じくらいの大きさ、
　厚さのもの) 2冊

やり方

1 2冊の雑誌のページを、1〜5枚くらいずつ交互に重ねる。

2 二人で両側からもって力いっぱいひっぱっても、びくともしない。

やってみよう

いろいろな大きさや厚さの本でやってみましょう。

ノートや電話帳でもやってみるといいね！

解説

どうして本ははなれないのでしょうか?

物同士がこすれあうとき、うごきに逆らおうとする力がはたらきます。それが「摩擦力」です。

本のページをかさねてひっぱると、紙と紙との間に摩擦力がはたらきます。数ページではまだ摩擦力が小さく、簡単にひきぬくことができます。しかし、たくさんのページをかさねるほど摩擦力は大きくなり、ついには力いっぱいひっぱってもびくともしなくなってしまうというわけです。

大まかにかさねただけでは、はなれやすい。

摩擦は身のまわりのあらゆるところでおきているんだ!

摩擦でうまれる熱

摩擦がおこると、そこに熱がうまれます。たとえば寒い日に手のひらをこすりあわせると、手があたたかくかんじるのは、摩擦熱のおかげです。摩擦熱をつかって、火をおこすこ道具もあります。

滑り台をすべると、おしりが熱くなる。

マッチは摩擦熱によって火をつける道具。

砥石で包丁をとぐとき、水をかけて摩擦熱をさます。

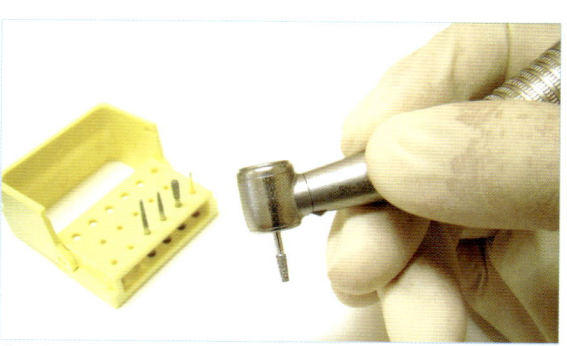
歯医者さんがつかう高速で回転して歯をけずる器具は、同時に水をだして摩擦熱をさます。

よくすべるところはどこ？

どこかですべってころんだことはないですか？
すべりやすい場所をさがしてみましょう。

洗剤のついた場所

洗剤によって摩擦力が水だけのときよりも
弱くなり、すべりやすくなる。

プールサイド

プールサイドや浴場など、ぬれている床は
すべりやすい。タイルなど水がしみこまな
い素材でできていると、水によって足と床
との摩擦力が小さくなる。雨でぬれた道路
で車がスリップしやすいのも同じ理由。

スケートリンク

氷の上は、もっともすべりやすい場所のひとつ。
スケートは、すべることを楽しむスポーツだ。ス
ケートぐつは、氷の上をすべりやすく、すすむ方
向をかえたり、とまったりしやすいようにできて
いる。

雪道

雪のつもった道路もよくすべる。
とくに雪が氷になったアイスバー
ンでは、歩行者がころぶ事故も多
い。自動車もスリップして正常な
運転ができなくなるので、タイヤ
にチェーンをまいたり、冬用のタ
イヤにとりかえる。

すべらなくする工夫

すべると危険だったり、不便なことがたくさん！
そのため、いろいろな場所ですべりにくくするくふうがされています。

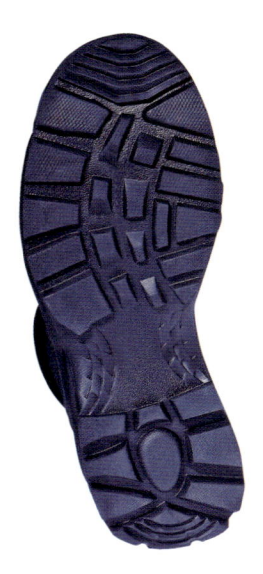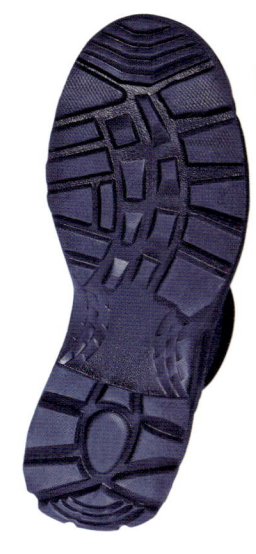

くつ底

そのくつがつかわれる場所にあわせ、みぞがほられているものが多い。

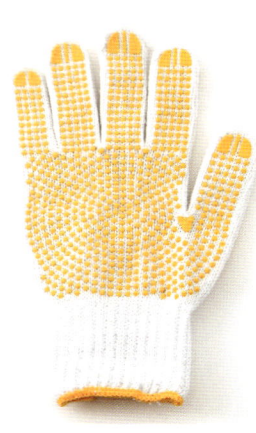

ぐんて

手のひら側にゴム製のとっきをつけてすべりにくくしているものもある。

すべりどめ

駅のホームなどの足をすべらせると危険な場所、また、階段などの足をすべらせやすい場所には、すべりどめの加工がされている。

アイゼン

雪道をあるくときにすべらないように、くつの底にとりつけるスパイク。

ペンのグリップ

ボールペンなどの筆記用具には、指がすべりにくいようにすじがはいっていたり、ラバーグリップがついているものもある。

指先の指紋は天然のすべりどめ

わたしたちの指先にある指紋は、皮膚の表面にある汗の出口がもりあがってできたものです。ものをつかむときなどに、すべりどめのはたらきをしています。

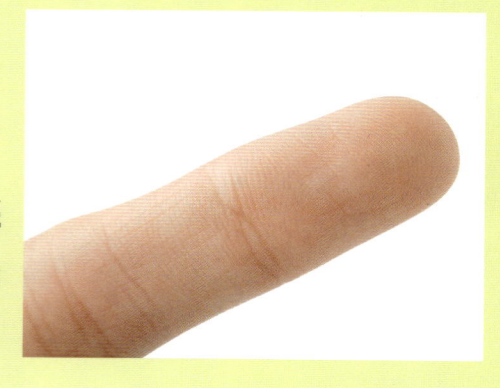

摩擦を利用するもの

ものをこすって、どんなことができるでしょうか。
摩擦をつかう道具やしくみをしらべてみましょう。

火おこし

木をこすりあわせておこる摩擦熱で火をおこすことができる。マッチも、摩擦によって、かんたんに火をつけられる道具のひとつ。

消しゴム

紙にかいたえんぴつの文字をけすはたらきをする。紙面をこすることで、消しくずが紙についているえんぴつの粉をつかまえ、とりのぞく。

たわし

たくさんの毛をこすりつけることで、ものにこびりついたよごれをおとす。

ブレーキ

車や自転車のスピードをおとす。車輪についたブレーキディスクやリムをはさみこみ、摩擦の力で車輪の回転を弱める。

弦楽器

バイオリンやチェロなどは、おもに弓で弦をこすって演奏をする。こする弦や、弦をおさえる指の位置で、音の高さをかえている。

摩擦をへらす工夫

摩擦は役にたつこともありますが、摩擦が大きいと苦労することもあります。摩擦をへらすにはどんな方法があるのでしょうか？

コロを利用する

荷物と地面との間に丸太などのころがるものをいれると摩擦が小さくなり、ずっと小さな力でうごかすことができます。ものがころがるときにも摩擦はおきますが、摩擦の大きさはものをすべらせるときの 100 分の 1 以下になるのです。

重機のなかった時代、人々はこうして重い石などをはこんでいました。

いろいろなコロ

ローラーコンベアー

工場などでつかわれているローラーコンベアー。ローラー（筒状の棒）がならんで回転している上に荷物をのせると、ローラーがコロのはたらきをして荷物を前にすすませる。

ボールベアリング

「回転軸受け」ともよばれる、じくをなめらかに回転させるための部品。内側の輪と外側の輪の間に複数の玉と、玉同士がぶつからないようにささえる保持器がはいっている。外側の輪を固定し、じくを内側にはめて回転させると、玉がころがることによって摩擦力がへってなめらかに回転する。反対に、内側の輪を固定して外側の輪を何かにつないでつかうこともできる。

洗濯機や掃除機など、家庭にあるほとんどの電気製品にはボールベアリングがつかわれている。

インラインスケートの車輪にもボールベアリングがつかわれている。

ボールベアリング

摩擦がおこらないようにする

ホバークラフトは、船底から圧縮した空気をふきだして船体をうかし、プロペラの力で水上や陸上をはしる乗り物。地面からうきあがることで摩擦がおこらないようにしている。

盤の上でパックをうちあうエアホッケーも、空気の力でパックをうかせている。

ホバークラフト

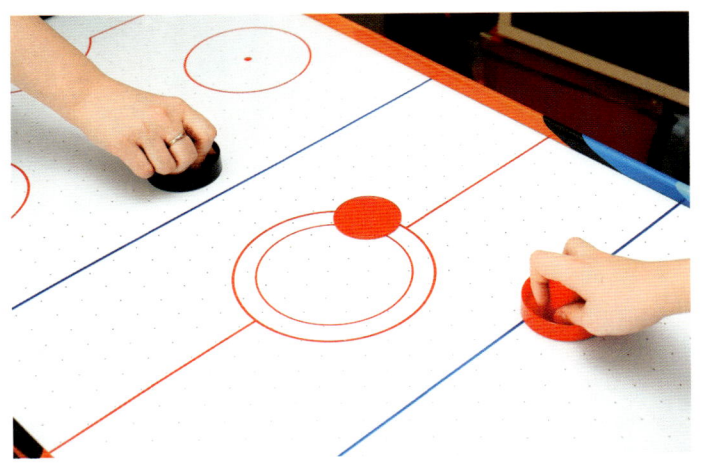

エアホッケー

油をさす

摩擦がおこる面のすき間に油をさすと、摩擦を少なくすることができる。引き戸やたんすの引き出しにろうそくのろうをぬると摩擦がへってすべりがよくなる。

摩擦の少ない素材でつくる

つるつるしたものは摩擦が小さく、ざらざらしたものは摩擦が大きい。フライパンのコーティングなどにつかわれる「テフロン（フッ素樹脂）」は、特に摩擦が少ない。テフロン加工のフライパンは油をひかなくても食材がくっつきにくいので、とりあつかいが楽になる。

摩擦をへらす工夫はたくさんあったね。みんなもどんなところで摩擦がおさえられているかさがしてみてね！

もしも摩擦がなかったら

摩擦は時にはやっかいなものですが、一方で摩擦がなければこの世がなりたたないほど大切なものです。もしも突然摩擦がなくなってしまったら、どんなことがおこるかみてみましょう。

摩擦が突然なくなったら…

くぎがぬけおちて、家もビルもたおれてしまう。

木や石や土がすべりおちて、山がくずれる。

布がほどけて服がバラバラになる。

はしっている車や電車はとまることができない。

摩擦がどんなことに役だっているか、普段は気がつかないけど、摩擦がないと世の中はなりたたないんだね。

足がすべってあるきだすことができない。

紙に字がかけない。

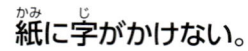

とまっている車はタイヤが空まわりしてはしりだせない。

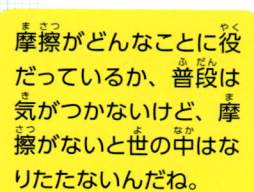

生物にまなぶ科学「バイオミミクリー」

「バイオミミクリー（生物模倣技術）」という言葉をきいたことがありますか。

20世紀の終わりごろに、バイオ（生物）とミミクリー（まね）をあわせてアメリカでつくられた言葉で、生物や植物の機能や構造からヒントをえて製品をつくる技術のことです。

21世紀にはいり、日本国内でも「バイオミミクリー」の考え方にもとづいた製品の実用化はどんどんすすみ、電化製品や、住宅建材、塗料、布など、さまざまな分野でみることができます。その一部を紹介しましょう。

●カタツムリのカラのしくみを応用したタイル

研究員の、「じめじめとしめったところをはいまわっているのに、カタツムリのカラはなぜ、よごれないのだろう」という疑問からスタートし、よごれにくい外壁タイルが開発されました。

カタツムリはカラに油をたらしても、はじきかえします。研究の結果、それは、カラの表面全体にナノメートル（1ナノメートルは、100万分の1mm）からmm単位までのこまかいみぞがきざまれているからだということがわかりました。

カタツムリはしめった場所にいるため、カラのみぞにつねに水分がたまっていて、よごれのもととなる油分がついても、みぞの表面にうき、雨がふったときに雨といっしょにながれおちるしくみになっているのです。

このしくみを応用し、空気中の水分を吸着する吸湿剤のシリカをタイルの表面にふきつけることにより、ナノサイズのうすいまくをつくって、よごれからガードするというタイルがうまれました。この製品は、まくの表面についたよごれも、雨がふるとながれておちるので、住宅やマンション、ビルなどの建物の外壁に活用されています。

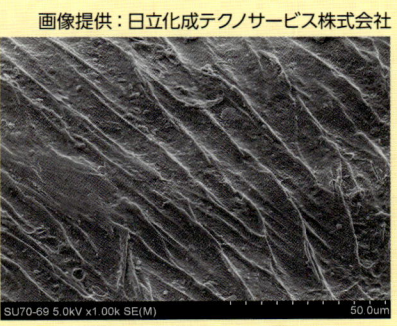

画像提供：日立化成テクノサービス株式会社

SU70-69 5.0kV x1.00k SE(M) 50.0um

電子顕微鏡で1000倍に拡大したカタツムリのカラの表面。

●鳥の翼をまねたエアコンのファン

鳥の翼の形をエアコンの室外機のプロペラファンに応用して、効率よく風を送りだし、大幅に消費電力をへらすことに成功。また、ファンが軽くなったことで音もおさえられるようになりました。

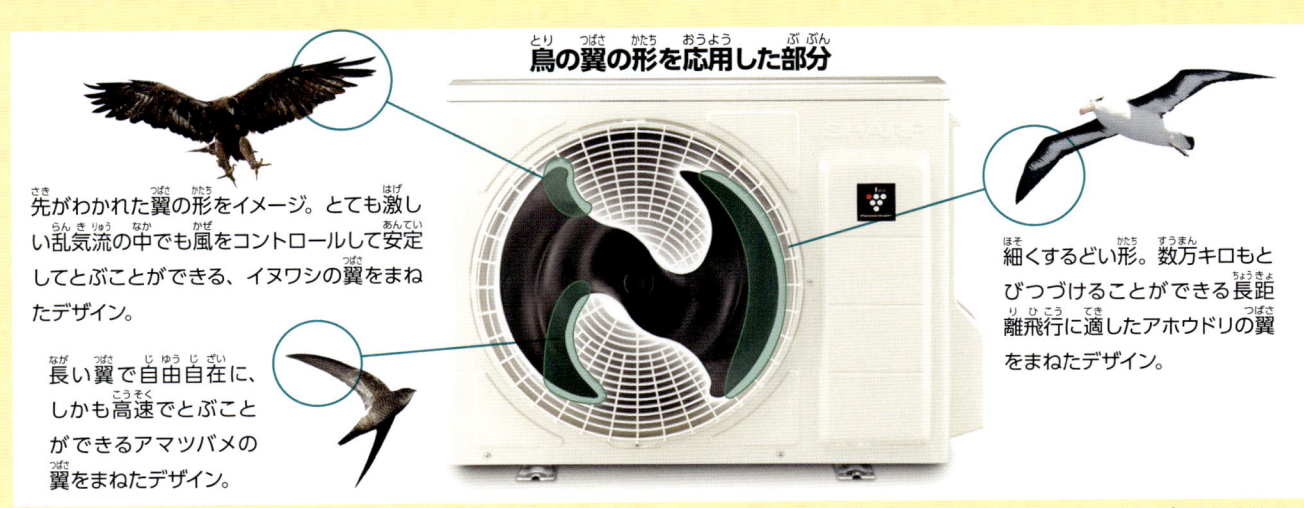

鳥の翼の形を応用した部分

先がわかれた翼の形をイメージ。とても激しい乱気流の中でも風をコントロールして安定してとぶことができる、イヌワシの翼をまねたデザイン。

長い翼で自由自在に、しかも高速でとぶことができるアマツバメの翼をまねたデザイン。

細くするどい形。数万キロもとびつづけることができる長距離飛行に適したアホウドリの翼をまねたデザイン。

資料提供／シャープマーケティングジャパン株式会社

科学探検隊

●チョウの羽の「構造発色」をヒントにした布

モルフォチョウは、南米アマゾン川の流域にすみ、「世界でもっとも美しいチョウ」といわれています。青い羽が、金属のようなまばゆいかがやきをはなつからです。このモルフォチョウの発色のしかたをヒントにしてつくられた布があります。

モルフォチョウの羽には、もともと青い色はついていません。それでは、なぜ青くみえるのでしょうか。モルフォチョウの羽は色のない「鱗片」とよばれる粉のようなものでおおわれていて、この鱗片はタンパク質の層と空気の層が幾重にもかさなった構造になっています。この層に光がさしこむと、光の中の青い色だけが強く反射されるように形づくられているのです。

このように羽などの構造によって色がみられることを、「構造発色」といいます。この発色のしかたに着目して、ナイロンとポリエステルという、光の屈折のしかたのちがう物質を交互に 61 層もつみかさねることで、あたった光が散乱し複雑な色をみせる世界初の繊維が、日本で開発されました。

ひとつの層は 69 ナノメートルととてもうすいため、つみかさねた層全体をポリエステルでおおって丈夫にしています。この繊維に光をあてると、交互に層がきりかわる境目で光の一部が反射し、深みのある赤・緑・青・紫の 4 色があらわれます。

こうしてつくられた繊維は、モデルになったチョウの名前から、「モルフォテックス®」と名づけられました。染料などでそめるのではなく、光があたることで発色するというわけです。この繊維をつかった布でつくれば、白いドレスであっても、光があたると、赤・緑・青・紫の色があらわれ、神秘的な美しさを表現できます。

この繊維は衣類につかわれているだけではなく、粉末にすることで、楽器や自動車などにぬる塗料や、マニキュアなどの材料としてもつかわれています。

●ヤモリの足の裏から発想した接着テープ

吸盤もついていないのに、つるつるしたガラス窓でもでこぼこしたかべでも自由にはいまわれるヤモリ。実はヤモリの足の裏にはとても細い毛がびっしりとはえているのです。その数は、ひとつの足の裏だけで、なんと約 50 万本！　しかも、その毛先はさらに 100 本から 1000 本にわかれていて、スプーンのように少しひろがった形をしています。

なぜ、足の裏に毛がはえていると、かべなどにくっつくことができるのでしょうか。

「物と物とがちかづくと互いにひきあう力がうまれる」という法則があるのですが、1 本の毛だけでは小さな力しかうまれず、とてもかべにくっつくことはできません。ところが、ひとつの足の裏だけで約 50 万本、しかもそれぞれ毛先がわかれていることを考えると、億の単位で接着点ができ、ひきあう力がつよくなってくっつくことができるというわけです。

このヤモリの足の裏のしくみからアイデアをもらい、接着剤をつかわない接着テープができました。テープにカーボン・ナノチューブ（炭素で構成された、直径がナノサイズのとても細い筒。人の髪の毛の約 5 万分の 1 の細さ）をびっしりと移植し、接着点をたくさんつくることによって接着するテープです。

このテープは接着剤をつかっていないので、はがしたときにベタベタした接着剤がのこることがなく、何度でもくりかえしつかえるのが特徴です。

▲ガラスにはりつくヤモリ。

▶足の裏。

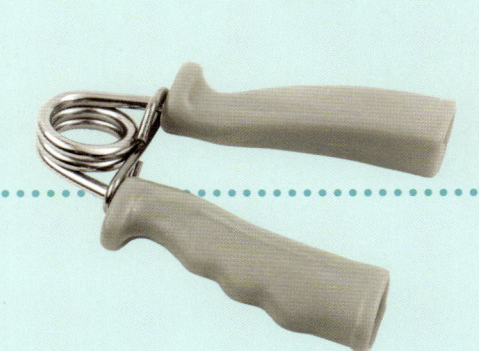

弾性の ふしぎ

ゴムやばねなど、力をくわえて
のばしたりまげたりしたときに、
元の形にもどろうとする性質を「弾性」といいます。
弾性はいろいろなところで利用されています。

実験室

ゴムロケット

ゴムの力でとばすロケット。
どこまでとばせるか競争してみましょう。

ビューン

用意するもの

- ☐ **新聞紙** **5枚**
- ☐ **輪ゴム** **3本**
- ☐ **画用紙**
- ☐ トイレットペーパーのしん **1個**
- ☐ セロハンテープ
- ☐ ビニールテープ
- ☐ のり
- ☐ **針金** **30cm**

1 新聞紙をまるめて、トイレットペーパーのしんにとおるぐらいの太さの筒をつくり（写真 a）、ビニールテープでとめる。

a

2 画用紙を幅 7cm、長さ 10cm にきり、くるくるまいて棒にする。輪ゴムをつなげて（写真 b）、片方のはしを画用紙の棒にかけて（写真 c）セロハンテープで固定する。

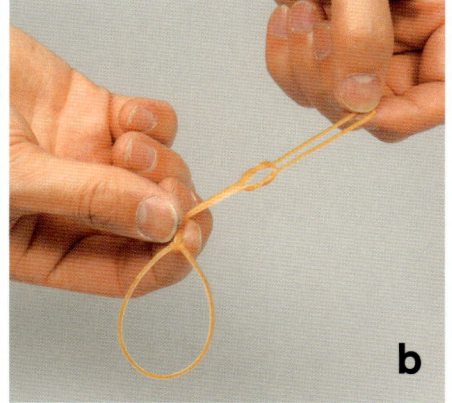

b

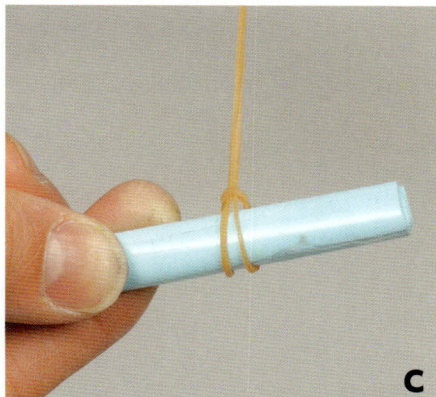

c

3 輪ゴムのもう片方のはしにビニールテープをとおして、1の筒の先にまきつけてとめる。

4 針金の先をまげてかぎにしておく。針金を筒にさしこみ、かぎを輪ゴムにひっかけて（写真 d）、筒の反対側から針金をひきぬいて画用紙の棒を筒の反対側にだす（写真 e）。

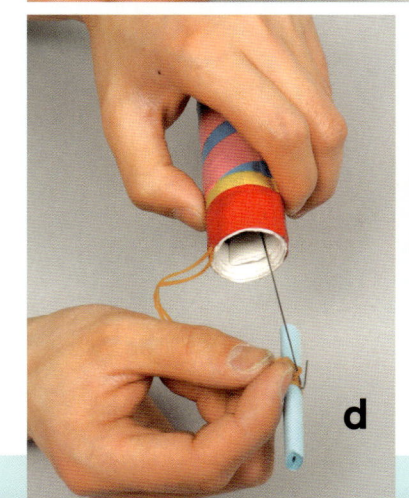

d

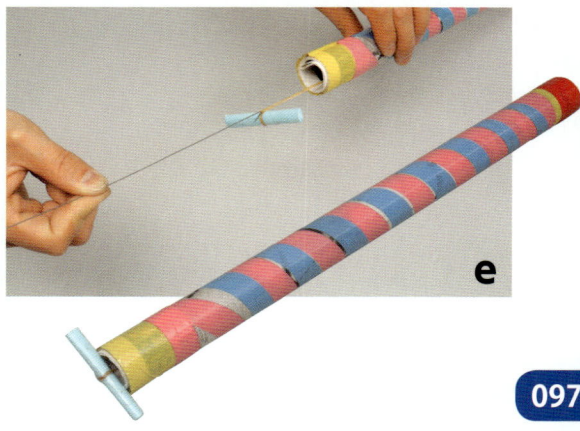

e

5 画用紙で下の図のような羽根を3枚つくる。

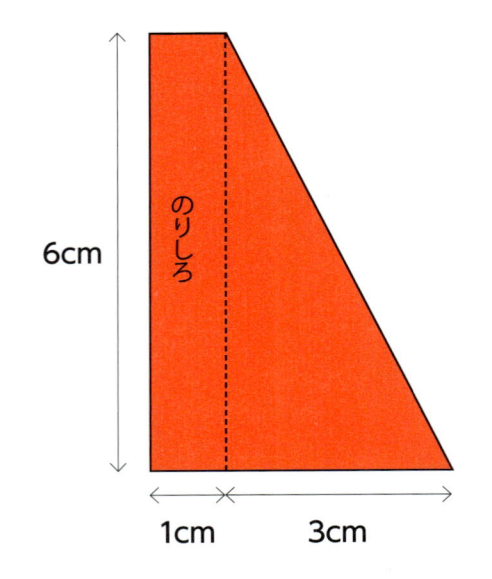

6cm

のりしろ

1cm　3cm

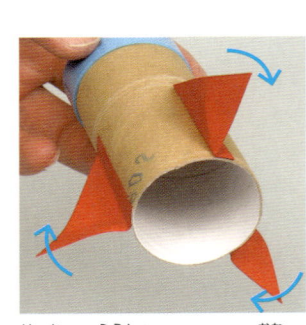

羽根を風車のように同じ方向にまげる。

6 トイレットペーパーのしんに5の羽根を等間隔にのりではる。反対側のはしにビニールテープを4〜5回まいておもりにする。

ロケットのできあがり！

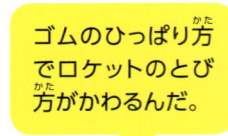
遊び方

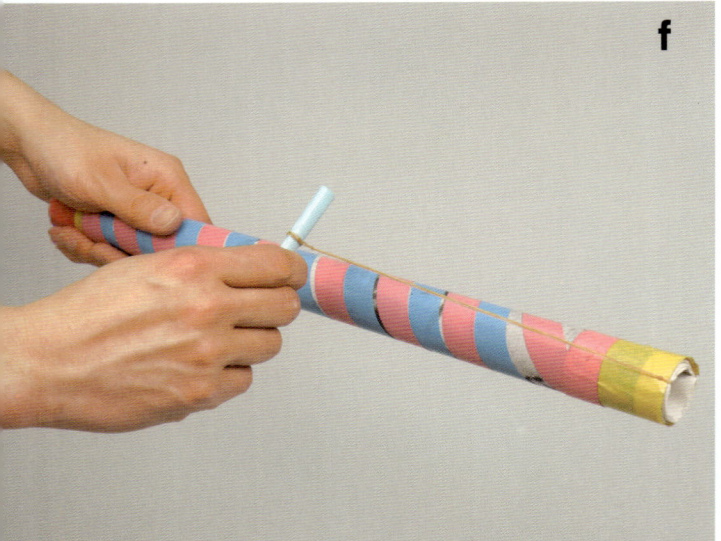
f

ゴムのひっぱり方でロケットのとび方がかわるんだ。

発射台の画用紙の棒をひっぱって（写真f）筒をもつ手の親指でおさえてから、筒にロケットをはめる（写真g）。おさえていた指をはなすと、ロケットは発射される。

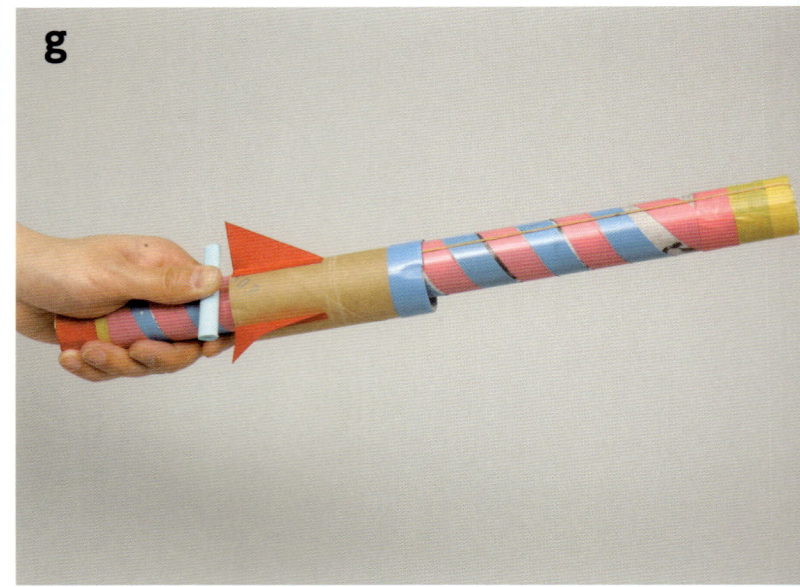
g

ゴムにはどんなはたらきがあるのでしょうか？

　ゴムロケットは、のばした輪ゴムが元にもどる力でロケットをとばします。輪ゴムののばし方をかえると、ロケットのとぶ距離がかわります。ゴムを長くのばすほど、物をうごかすはたらきは大きくなるのです。

　ゴムは弾性の大きな物質で、他にもいろいろなところで利用されています。

割りばしと輪ゴムでつくる「ゴム鉄砲」。

消しゴムは昔はゴムがおもな原料だったけど、最近はプラスチックがつかわれているよ。

ゴムを利用したもの

やわらかいゴムを空気でふくらませるゴム風船。

体の動きにあわせてのびちぢみするズボンのゴム。

水をとおさず、ぬれた地面でもすべりにくいゴム長靴。

ゴムの原料

　ゴムの木の皮に傷をつけると、白い液体がでてきます。これがゴムの原料になる「ラテックス」です。ラテックスをかわかしてかためたものが天然ゴムです。
　天然ゴムのほかにも、石油から人工的につくられる「合成ゴム」があります。

木の皮をナイフでけずり、ながれてくるラテックスを鉢でうける。

発見隊

弾性でたのしむ

高くはずんだり、速くはねかえってきたり……。弾性のうみだす動きはとても魅力的です。

バブルボール

空気でふくらませた、大きなクッションボール。中に体をいれ、ころがったり、ぶつかりあったり、サッカーをしたりしてあそぶ。

ボール

空気をいれたボールは、弾性をたのしめる基本的な道具。ボールをつかう遊びやスポーツは、かぞえきれないほどたくさんある。

弓

弦をひいて弓をしならせ、元にもどる力で矢をとばす。

トランポリン

布をばねの力で枠にはったり、ドーム状の床に空気をつめてはずむようにした遊具。この上で高くジャンプしてたのしむ。

弾力のある 食べ物いろいろ

食べ物は、味以外に、そのかみ心地もたのしみのひとつといえます。ガムやグミ、こんにゃくなどは、強い弾力がたのしめる食べ物です。

スーパーボール

よくはずむゴムでできたボール。非常に弾力があるので、かたい地面にぶつけると高くはずむ。球体だけでなく、ラグビーボールのようなだ円形や、でこぼこのついたものもある。

レインボースプリング

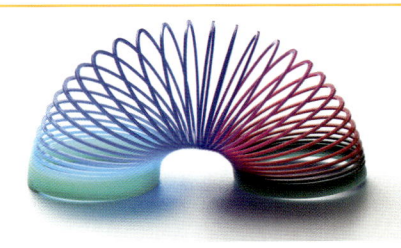

手でうごかしたり、階段をおりたり、ばねの弾性でおもしろいうごきをするおもちゃ。

ホッピング

下部に強いばねをつけたハンドルつきの棒。ふみ板に両足でのり、ピョンピョンととびはねてあそぶ。正式名は「ポゴスティック」。

遊具

公園などにある遊具のひとつ。ハンドルつきの座席を大きなばねでささえている。

トレーニング

ばねやゴムの弾性は、体をきたえるためにもつかわれる。

ばねをおりまげるアームバー。

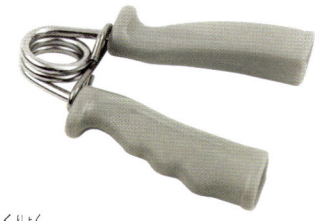

握力をきたえるグリッパー。

ゴムチューブのエキスパンダー。

便利な弾性

身のまわりのさまざまなものに弾性が利用されています。ここで紹介しているもののほかにもさがしてみましょう。

洗濯ばさみ

はさむ力をうみだしているのは、リング状の金属のばね。

ピンセット

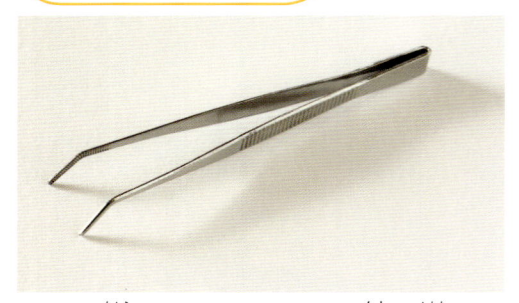

つまむ力をゆるめるだけで元の形にもどるため、つかいやすい。

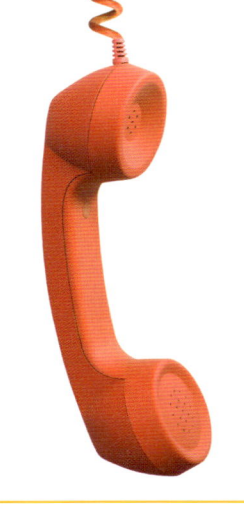

カールコード

ばね状になったコードは、ふだんはまとまっているが、ひっぱられるとのびる。コードがつながったままの行動がしやすい。

電池ボックス

リモコンなどの乾電池をセットするボックスには、乾電池をしっかりとはさんでおけるように、接点の片方がばねになっているものが多い。

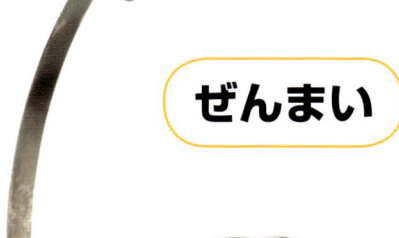

ぜんまい

ねじまき式の時計やオルゴール、おもちゃなどにつかわれている。まかれたぜんまいの弾性が動力となる。

自転車スタンド

自転車をとめるとき、スタンドがたおれないように、ばねの力をストッパーとして利用している。

緩衝材

こわれやすいものや、大切なものをはこぶときなどに、まいたり、箱につめたりしてつかう。弾性の強い素材がつかわれていて、ぶつかったときのショックをやわらげる。

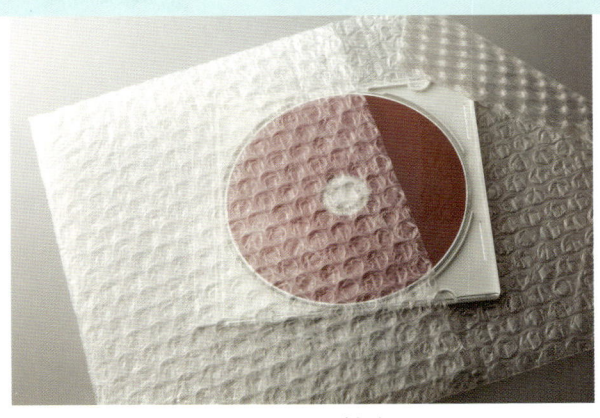

通称「プチプチ」。小さな空気のクッションがビニールシートについている。正式名は「気泡入り緩衝材」という。

発泡ポリエチレンの果物ネット。別名「フルーツキャップ」。

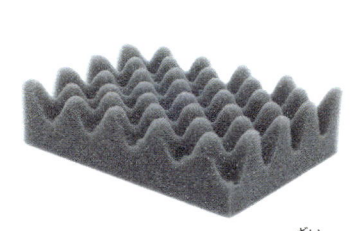

スポンジのクッション材。

まゆ玉形の緩衝材。もやせるゴミにできる自然素材のものも多い。

サスペンション

乗り物の足まわりにあり、地面からつたわるショックをやわらげたり、運転しやすくする装置。これはオートバイのサスペンション。

ばねばかり

ばねののびちぢみをつかい、重さをはかる。ものをぶらさげるタイプや、上にものをのせるタイプがある。

タイヤ

自転車や自動車のタイヤには空気を圧縮していれてつかう。空気の弾性が地面からのショックをやわらげてくれる。

プラスチック

金属やゴムなど、ものをつくる素材はたくさんありますが、プラスチックはその中でも特によくつかわれています。

プラスチックは150年くらい前からつかわれているんだ！

プラスチックとは

ゴムや綿など、植物などからえられる天然の樹脂に対して、人工的に合成してつくられる樹脂をプラスチックとよびます。熱をくわえてとかし、型にはめてさまざまな形に加工することができます。用途にあわせた特性をもたせたいろいろな種類があります。

写真や映画のフィルム

プラスチックの歴史

プラスチックが最初につかわれるようになったのは、今から150年ほど前の1869年のことです。アメリカでセルロイドが発明され、写真のフィルムやおもちゃなどにつかわれました。しかし、非常にもえやすいという欠点がありました。

1909年に発明されたのがベークライトというプラスチックです。熱をくわえるとかたくなり、丈夫で長持ちするため電話機などにつかわれました。

1920年代から石油を原料にプラスチックを合成する方法が発明されると、さまざまな種類のプラスチックが開発され、本格的にプラスチック製品の生産がはじまりました。

セルロイドの人形

ベークライトの電話機

さまざまなプラスチック

ストッキング

ナイロンは、細い糸にして布をおることができる。

かさ

かさやシャツなどは、ポリエステルなどのプラスチックの布でつくられるものがある。

ペットボトル

英語の POLY ETHYLENE TEREPHTHALATE の頭文字をとって「PET」とよばれるプラスチックの一種。

食品トレー

発泡スチロールは泡状にしたプラスチック。

おもちゃのブロック

自由な形がかんたんにできるため、おもちゃにも利用される。

燃焼（ねんしょう）の ふしぎ

人間（にんげん）は木（き）や石炭（せきたん）などをもやして、あかりや
調理（ちょうり）、暖房（だんぼう）などに利用（りょう）してきました。
火（ひ）は人間（にんげん）のくらしにかかせないものです。
ものがもえるとは
一体（いったい）どのようなことなのでしょうか。

実験室

手作りキャンドル

あげものなどでのこった油を利用して、ろうそくをつくってみましょう。
きれいなびんにいれたり、
色や香りをつけるとおしゃれなキャンドルになります。

用意するもの

- ☐ 油
  (使用ずみのサラダ油など)
- ☐ 油処理剤
  (油をかためてすてるもの)
- ☐ びん
  (コップや空き缶などでもよい)
- ☐ たこ糸
- ☐ なべ
- ☐ わりばし
- ☐ はさみ
- ☐ クレヨン

作り方

1 たこ糸をびんの深さより 5cm くらい長くきり、わりばしではさむ。わりばしをびんの上にわたし、たこ糸がびんの底につくように調節する。あまったたこ糸はびんの外にたらしておく。

2 なべに油と油処理剤をいれ、弱火にかけて油処理剤をとかす。このとき、けずったクレヨンを少しいれると色つきのキャンドルができる。

油と油処理剤は、油処理剤の使用説明書にかいてある量をつかおう。

3 2を1のびんにそそぐ。30分ほどおいてさますと、油がかたまる。

⚠️ 火からおろした直後の油や、油をいれたびんはとても熱いので、やけどをしないように注意しましょう。

4 油がかたまったら、たこ糸を 5mm ぐらいのこしてきる。できあがり。

やってみよう

色分けキャンドル

色ちがいの油を、一層ずつかためながらかさねる。

しましまにしたり、にじみたいにいろいろな色をかさねてもいいわね!

紙コップでつくる

紙コップを型にしてつくり、かたまったら紙コップをきってはずす。皿やグラスにいれてつかおう。

アロマキャンドル

アロマオイルをまぜると、よい香りのアロマキャンドルになる。

⚠ 火をつかうところは、大人といっしょにやりましょう。
キャンドルをつかうときは、火のとりあつかいに注意しましょう。

ものはどうやってもえるのでしょうか?

ものがもえることを「燃焼」といいます。燃焼とは、熱や光をだしながら酸素とむすびつくことです。もえたあとの物質は別の物質に変化します。ろうそくの場合、ロウの成分であるパラフィンは、主に炭素と水素からできていて、もやすとそれらが酸素とむすびついて、水と二酸化炭素ができます。

ロウ	酸素	水	二酸化炭素
(C と H)	(O_2)	(H_2O)	(CO_2)
炭素 水素			

ろうそくがもえるしくみ

ろうそくのほのおをよくみると、場所によって色がちがうことがわかります。ろうそくのほのおの中では何がおきているのかさぐってみましょう。

外炎
まわりに酸素がたくさんあるので、よくもえて高温になる。色はすきとおっている。

内炎
気体になったロウがもえ、すす(炭素のつぶ)ができる。それがねっせられて明るくひかる。

炎心
酸素がたりないため、温度が低く、暗くみえる。

3 ロウにふくまれる炭素や水素の成分が酸素とむすびついて、二酸化炭素と水(水蒸気)になる。

2 液体のロウが芯をつたってのぼり、蒸発して気体になる。

1 しんに火がつき、その熱でロウがとけて液体になる。

ものがもえる条件

ものがもえるために必要なことは何かみてみましょう。

条件その1
もえる性質のある物質
木や紙、油、エタノールなどはもえやすく、石や金属、ガラスはもえにくいもの。

条件その2
酸素があること
空気中でものがもえるのは、空気に酸素がふくまれているから。

条件その3
発火点以上の温度
発火点とは、火がつくために必要な温度で、物質それぞれに決まった温度がある。

発見隊

人々のくらしをささえる火

ものをあたためたり、暗いときのあかりになったり、料理につかったりと、人のくらしに、火はなくてはならないものです。
火にかんする道具や設備、ことがらなどをみてみましょう。

マッチ

火をつけるときにつかう道具。細長い棒の先についた発火剤をこすって点火する。

ライター

火をつけるときにつかう装置で、小さく、もちはこびしやすいものが多い。中にいれたガスやオイルを燃料にしている。

ろうそく

かためたろうを燃料にして、中心の芯に火をつけてつかう。長い時間火をともせる、昔からの照明道具。

ランタン

つりさげてもちはこべるランプ。キャンプなど、電気がつかえない場所であかりとしてつかう。ガスやオイルなどを燃料に火をともしている。

ストーブ

部屋をあたためる暖房器具。燃料がもえるときにだす熱を利用している。燃料は石油（灯油）やガスなど。電気ストーブはもえているのではなく、電熱線が発熱するしくみ。

だんろ

部屋のかべの中につくられた暖房器具で、火を楽しむインテリアでもある。欧米の家によくみられるが、日本ではあまりなじみがない。

たき火

たきぎや木の枝などをあつめ、地面でもやす。火事になりやすいので注意が必要。キャンプ場などの許可されたところでしかできない。

かまど

調理で火をつかうところ。火のまわりをレンガなどでかこんで、上に調理器具をおく。

いろり

いろりは、日本の古い家の中にある、火をあつかう場所。ここで料理や食事をしたり、あたたまったりできる。あかりにもなる。

ガスコンロ

ガスを燃料にしてもえる火で、この上で調理をする。

鍛冶

火でやわらかくした鉄などの金属をたたいて
きたえ、刃物などをつくる仕事。

陶芸

陶器は、粘土で器などの形をつくり、うわぐ
すりをつけて、高温の窯の中でやいてつくる。
地方によって、さまざまな焼き方がある。

野焼き

火は子どもだけで
あつかわないでね！

阿蘇山などでは、
豊かな草原をたも
つため、春先にか
れ草を計画的にも
やして、有害な虫
を駆除したり、木
がおいしげるのを
防止したりする。

焼却炉

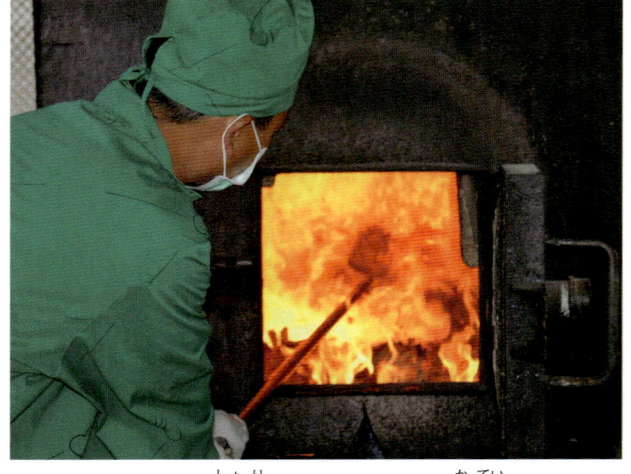

ゴミをもやして処理するところ。家庭からでる
可燃ゴミは大規模なゴミ焼却場でやいている。

火力発電所

火力発電所では、石油やガスをもやして電気
をつくっている。

花火の色

夏の風物詩といえば打ち上げ花火。まばゆい光とあざやかな色が夜空をみごとにいろどります。赤や青、紫や緑など、花火にはさまざまな色がありますが、どうやって色をつけているのでしょうか。

色のちがいは金属のちがい

金属の粉がもえるとき、その種類によって炎の色がちがいます。これを「炎色反応」といいます。花火は、この性質を利用して、火薬に金属の粉をまぜることによって、色をつくりだします。

炎色反応

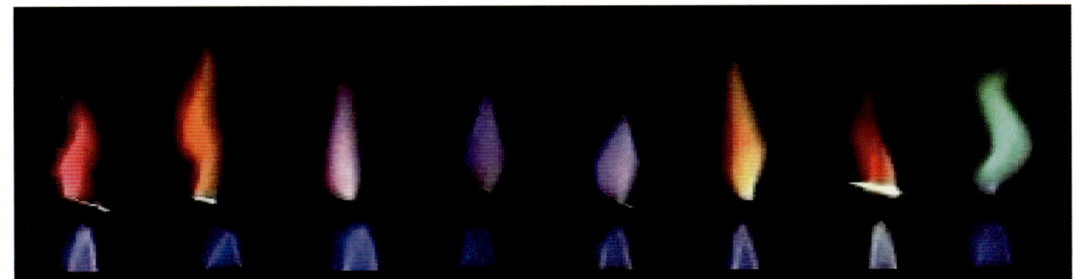

リチウム　ナトリウム　カリウム　ルビジウム　セシウム　カルシウム　ストロンチウム　銅

形や色の変化のしくみ

打ち上げ花火は、紙でできた容器の中に、「星」とよばれる火薬の玉と、導火線の火によって星をとばすための「割り火薬」がはいっています。星の火薬の成分やつめ方によって、打ち上げられたときの色や形がきまります。

打ち上げ花火の断面

星

割り火薬

導火線

打ち上げ花火をみながら、どんな金属がもえているのかかんがえるのも楽しいね。

113

火の発見

「火の発明」は人類に大きな進歩をもたらしました。人類は、いつから、どのように火をつかうようになったのでしょうか。

火の利用

人類が火を利用するようになったのは、今から約50万年前のことだといわれています。火は、肉や魚をやいたり、寒さをしのいだり、動物から身をまもるためにつかわれました。

その後、土器をやいたり、食べ物をにたりするようになっていきました。

人類が火とであう

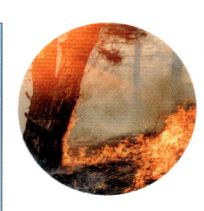

人類と火のであいは、落雷や火山の噴火などによる自然火事によるものだとかんがえられています。木の枝などに火をうつしてもちかえり、たやさないように大切にしていたのでしょう。

50万年前

人類が火をつかう

中国の北京原人の遺跡から、火をつかっていたあとがみつかっています。

数万年〜7000年前

火おこしがはじまる

石器時代になると、木をこすりあわせて火をおこす方法が発見されました。

紀元前4世紀ごろ

アリストテレスの四元素説

ギリシャの哲学者アリストテレスは、「すべての物体は、火・水・土・空気の4つの元素からできている。」とかんがえました。

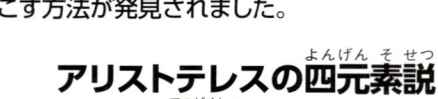

土　水　火　空気

7世紀ごろ

ギリシア火の発明

ギリシア火とは、硫黄や硝石などをとかした油を管にいれ、火をふきだす武器。ビザンツ帝国の時代に、戦争でつかわれました。

9世紀ごろ

火薬の発明

中国で、木炭・硫黄・硝石をまぜてつくる黒色火薬が発明されました。黒色火薬は今でも花火に利用されています。

酸素の発見

スウェーデンの薬剤師シェーレによって初めて酸素が発見されました。彼は、発見した気体の中で火がよくもえることに気づきました。

1772年

ダイナマイトの発明

スウェーデン出身の科学技術者ノーベルが、ニトログリセリンをケイ藻土にしみこませた爆薬「ダイナマイト」を発明しました。

1866年

火をつかいこなせるようになって、人類は地球上のどの動物よりもさかえるようになったんだね！

静電気のふしぎ

冬、セーターをぬごうとして髪の毛や服がパチパチしたり、
ドアをあけようとして手がビリッとしたり、
これらはすべて静電気のしわざです。
静電気はどのようにおこるのでしょうか。

実験室

静電気クラゲ

ビニールひもでつくったクラゲが、まるで生き物みたいにふわふわただよいます。風船で上手にあやつれるでしょうか。

用意するもの

- ☐ ポリプロピレン製の荷造りひも（PPひも）
- ☐ 細長い風船
- ☐ 風船用空気入れ
- ☐ マフラー（かわいた布など）
- ☐ はさみ

作り方

1 荷造りひもを 30 〜 40cm くらいの長さに 2 本きる。2 枚重ねになっているものを、それぞれ 1 枚にはがす。

2 1 をたばねて、細くさいた荷造りひもではしをむすぶ。

> 指紋やよごれがつくと静電気がおきにくくなるので、さわるのは必要最低限にしよう。

むすび目の先は 1cm ほどのこしてはさみできる。

3 2 のたばをひろげて 5mm くらいのはばにさく。

クラゲのできあがり!

遊び方

1 クラゲをきれいな机などにひろげてマフラーでこすり、静電気をおこす。

2 ふくらませた風船をマフラーにはさんでこする。何度かくりかえして静電気をおこす。

> パチパチと音がしたら、静電気がおきた合図だよ。

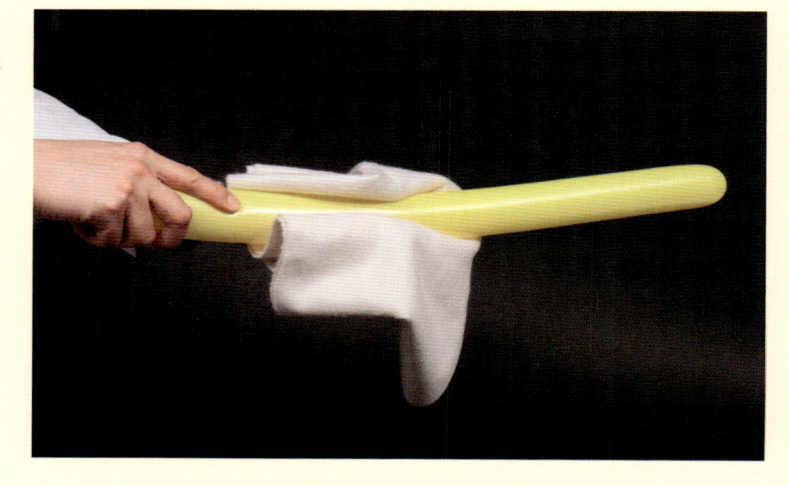

3 クラゲのむすび目の下に風船をさしこんでもちあげ、なげあげる。
風船をクラゲの下にかざしてあやつろう。

静電気はどのようにおこるのでしょうか？

　ビニールひもでできたクラゲに風船をちかづけると、クラゲが風船をさけるようにうごきます。これは、クラゲと風船におきた静電気のしわざです。

　静電気は、ものが＋か－の電気をおびることで発生します。ふだん、わたしたちのまわりにあるものは、どんなものでも＋の電気と－の電気を同じだけもっています。しかし、種類のちがうもの同士をこすりあわせると、一方からもう一方へ－の電気が移動します。すると、－の電気をもらったものは－の電気が多くなった状態、－の電気をうしなったほうは＋の電気のほうが多くなった状態になります。

　＋と＋、－と－のように同じ種類の電気をおびたものをちかづけると反発し、ちがう種類同士ではひきあう力がはたらきます。ビニールのクラゲと風船は、マフラーでこすることでどちらも－に帯電します。クラゲのひもの一本一本はおたがいに反発しあってひろがり、風船と反発することでうかんでいられるというわけなのです。

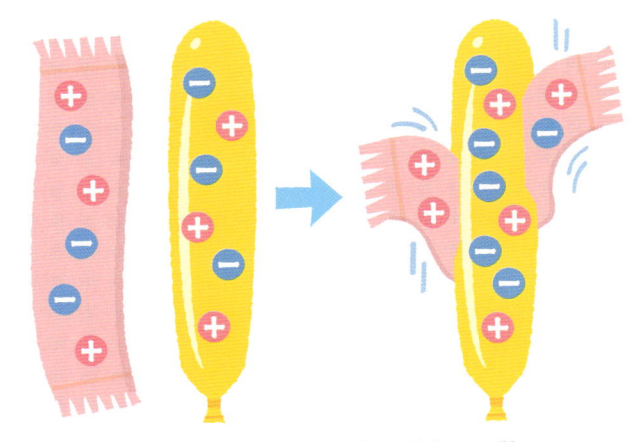

2つのものをこすりあわせると－の電気が移動する。

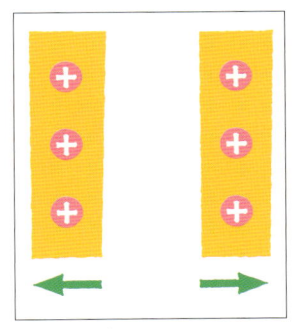

同じ電気をおびたもの同士は反発する。

ことなる電気をおびたもの同士はひきあう。

＋と－はどうきまる？

　こすりあわせたときに、＋と－のどちらに帯電するかは、2つのものの組み合わせによってきまります。ものによって、＋に帯電しやすいものと、－に帯電しやすいものがあるのです。

しめっていると静電気はおきにくいよ。

| 帯電列 | ＋または－に帯電しやすいものをならべたもの。はなれた位置にある素材同士は、静電気がおきやすい。たとえばポリエステルが素材のフリースと、ウールのセーターだと静電気がおきやすい。 |

シリコン　／　塩化ビニール（下敷き）　／　ポリエステル（フリース）　／　ゴム（風船）　／　紙（ティッシュペーパー）　／　木綿　／　絹　／　レーヨン　／　ウール　／　ナイロン　／　髪の毛　／　ガラス　／　毛皮　／　人間のひふ

発見隊

静電気をみつけよう

わたしたちの身のまわりにあるすべてのものは、電気をもっています。自分の体や物の間で、プラスとマイナスの電気のバランスがくずれると、静電気がおきるのです。

雷

雷は、雲にたくわえられた静電気が放電する現象で、とても大きな音と、強い光をだす。これが地表までとどくと「落雷」となる。落雷によって建物がもえたり、人が重傷をおうなど、大きな被害がでることもある。

避雷針

電気は、近くにあるものやとがっているものにとぶ性質がある。避雷針はそれを利用したしくみで、建物の上につけた金属製の棒に雷をおとし、その電気を地中にうめた金属板へとにがすことで、建物や人をまもっている。

冬、セーターなどをぬぐときにパチパチッと火花がとんだり、ドアのノブに手がパチンとはじかれたりするよね。あれは静電気のしわざだよ。

水流をまげる

水道の水が、風船に帯電した静電気にひきよせられ、まがっておちている。

髪をさかだてる

布でゴシゴシとこすった風船には、マイナスの電気がたまる。これに髪の毛のプラスの電気がひきつけられて、髪の毛がたっている。

ガラス球の中の放電「プラズマボール」

ガラスの球体の中に、電気をながしやすいガスがはいっていて、手で表面にふれると、放電した光がのびてきます。教材やインテリアとしても販売されています。

静電気をつかう

静電気はやっかいなものですが、その一方で、静電気を利用する道具もあります。

レーザープリンタ

静電気をつかってすいつけたトナー（インクの粉）を、紙におしつけて印刷する。

タッチパネル

スマートホンやタブレットのタッチパネルは、ごくわずかな静電気でおおわれている。その部分の静電気が、さわった指などにすいとられることで、センサーがその場所をとらえ、操作ができるしくみになっている。

ダスター

静電気の性質を利用して、ちりやほこりをすいつけるそうじ道具。

ライター

つかいすてライターは、静電気の放電による火花でガスに着火させる。圧力をくわえると静電気を発生させる「圧電素子」という部品がくみこまれている。火をつけるときの「カチッ」という音は、圧電素子に衝撃をくわえる音。

フロッキー加工

細かい毛を静電気の力でうえつける技術。むらなく均一な仕上がりになる。

静電気をふせぐ

じゃまになる静電気をふせぐ工夫もあります。

ガソリンスタンド

お客さんが自分で給油するセルフガソリンスタンドには、給油の前にタッチして、体にたまった静電気をにがすパネルがある。静電気の放電によっておきる火花が、ガソリンに引火するのをふせぐため。

静電気除去ブラシ

静電気をとりのぞくブラシ。これはレコード盤の静電気とほこりをとっているところ。服や機械用の静電気除去ブラシもある。

いやなパチパチをおさえてくれるんだ！

静電気防止スプレー

界面活性剤の成分が、衣類や布製品の静電気をふせいで、まつわりつきやほこり、花粉がつくのをふせいでくれる。

雷のエネルギー

雷は雲の中でおきる静電気によって発生します。雷は大きなエネルギーをもち、おちると火災の原因になることもあります。

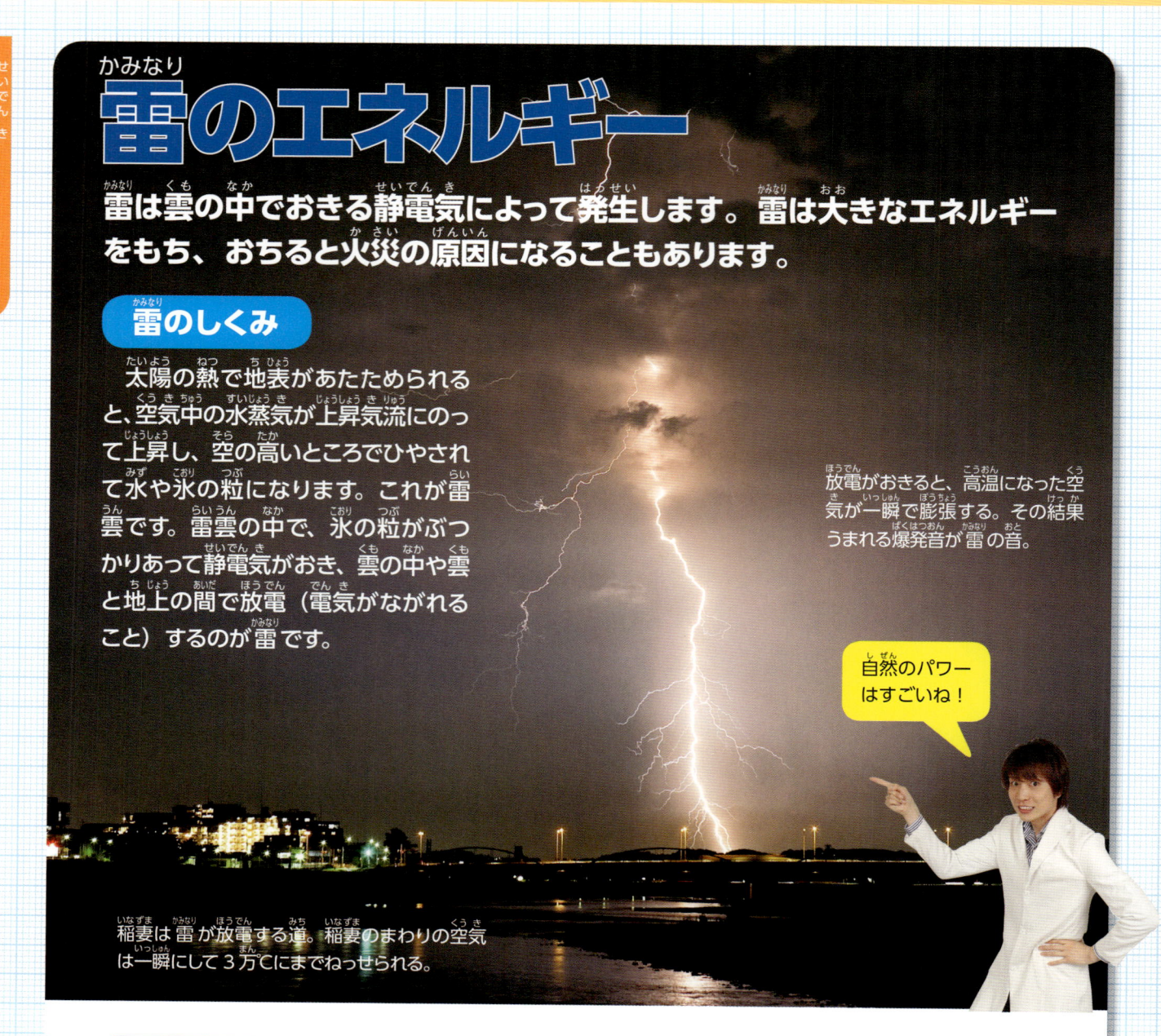

雷のしくみ

太陽の熱で地表があたためられると、空気中の水蒸気が上昇気流にのって上昇し、空の高いところでひやされて水や氷の粒になります。これが雷雲です。雷雲の中で、氷の粒がぶつかりあって静電気がおき、雲の中や雲と地上の間で放電（電気がながれること）するのが雷です。

放電がおきると、高温になった空気が一瞬で膨張する。その結果うまれる爆発音が雷の音。

自然のパワーはすごいね！

稲妻は雷が放電する道。稲妻のまわりの空気は一瞬にして3万℃にまでねっせられる。

雷のエネルギーはどのくらい？

雷のもつ電気のエネルギーは一体どのくらいなのでしょうか？

落雷のときの電圧はだいたい1億Vくらいといわれています。家庭用のコンセントが100Vですから、とてつもない電圧ですね。落雷した雷のエネルギーは、一般家庭で使用する50日分くらいになるといわれています。このエネルギーは光や音、熱などにかわります。

雷のエネルギーを電力として利用することは、今はむずかしいといわれています。その理由は、雷がいつ、どこで発生するか予測できないことと、いつも安定して雷が発生するわけではないからです。将来、雷の電気をためる技術が発明されれば、電力として活用できる可能性はあります。

雷のデータ

稲光の時間	1/1000秒〜1秒
稲妻の長さ	200m〜10km
電圧	200万V〜2億V
電流	1000A〜20万A

電気の発見・発明の歴史

今から約 2600 年も前の紀元前 600 年ごろのことです。ギリシャの学者タレスは、アクセサリーのひとつである「琥珀」についたほこりをおとそうとしましたが、布でこすると、もっとほこりがついてしまうことをふしぎにおもいました。

琥珀は、太古の植物の樹脂がかたまってできた化石です。彼は、この琥珀をこすることで、ほこりや糸くずなどの軽いものをすいよせるはたらきがうまれることに気づいたのです。このはたらきは、こすったときに発生する「静電気」によるもので、人が電気を発見した最初だといわれています。

しかし、電気を安定しておこし、エネルギーとして利用できるようになったのは、もっとずっとあとのこと。19 世紀になってからでした。

現在、大量に電気をおくる方法として、水力発電、火力発電、原子力発電にくわえ、大切な資源をへらさずにつくれる再生可能エネルギーとして、太陽光発電や風力発電、波力発電など、さまざまな発電方法が開発されています。

◆命がけで電気の実験をした　フランクリン

1752 年、アメリカの発明家であるフランクリンは、雷雨の中で、先端に針金をつけたたこをあげ、稲光が巨大な電気火花だということを証明しました。針金から、ぬれたたこ糸をつたって電気がながれ、小さな火花

▶フランクリンは、たこをつかって、稲妻が電気でできていることを証明した。

資料提供／ HathiTrust Digital Library

がちったといいます。
「感電事故がおきなかったのは奇跡だ」といわれるほど、危険な実験でした。

◆世界で初めて電池をつくったボルタ

1800 年に、イタリアのボルタが、2 種類の金属盤の間にうまれる化学反応を利用して電気を発生させることをおもいつき、世界で初めて電池をつくりました。亜鉛盤と銅盤を電極として、間に食塩水をしみこませた布をはさみ、一番上と一番下の金属盤をワイヤーでつなぐことで、ワイヤーをとおして電気がながれるというものでした。

ボルタがなくなってから 50 年以上たった 1881 年には、ボルタの名前にちなみ、電圧の基本単位をボルト（V）とすることになりました。

資料提供／倉敷市科学センター

▲亜鉛と銅の板の間に、食塩水でぬらした布をはさんだ「ボルタの電池」。

◆長時間電気をおくれるダニエルの電池

1836年にボルタの電池を改良してつくられたのが、イギリスのダニエルによる液体式の電池です。

一定の電圧を安定して長時間おくることができる初めての電池でした。銅電極を硫酸銅液、亜鉛電極を硫酸亜鉛液にそれぞれひたし、電気を発生させるというものです。

◆磁石とコイルで電気を発生

1831年、イギリスの科学者ファラデーが、コイル（金属をぐるぐるとうずまきのようにまいた電線）のそばで磁石をうごかすと電気が発生することを発見しました。

これを「電磁誘導の法則」といい、現在も、発電機やモーターなどに応用されています。

また、ファラデーは、ふたつの磁石の間で金属の円盤を回転させることにより、連続して電気をとりだす方法も発明しています。

これらの功績により、ファラデーは「電気学の父」とよばれています。

ファラデーの「電磁誘導の法則」を応用した発電のしくみ

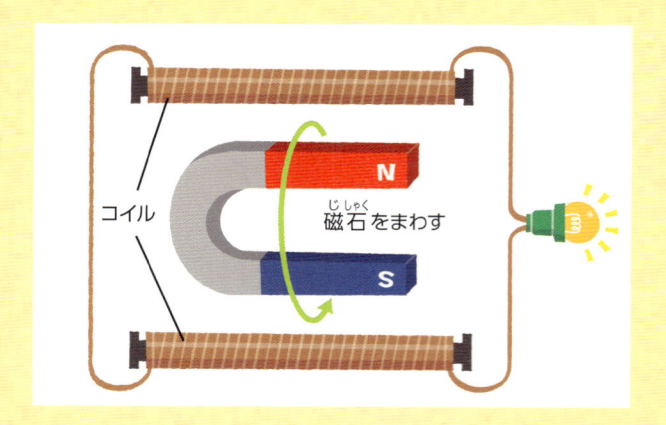

コイル　磁石をまわす　N　S

◆電気の実用化で社会をかえたエジソン

トーマス・エジソン
（1847－1931年）

1879年、白熱電球を実用的な商品としてつかえるように開発したのは、アメリカの発明家エジソンです。

長時間つかえる電球開発の材料にえらばれたのは、なんと日本の京都にある八幡村の竹でした。その竹をフィラメント（電球の中の細い線）としてつかったところ、この電球は2450時間もの間、明かりをともすことに成功しました。

また、エジソンは、発電所をたてて送電のしくみをつくりました。わたしたちが昼も夜も電気をつかった便利な生活をおくることができるのは、エジソンの発明があったからです。

▲1879年にエジソンが発表した、長時間つかえる白熱電球。

電話機の改良、アルカリ蓄電池、電気トースター、電気アイロン、蓄音機（音楽などを録音したり再生したりする装置）、映画の映写機など、エジソンは一生のうちに1000をこえる素晴らしい発明や改良をしています。

電池の<ruby>電<rt>でん</rt></ruby>の<ruby>池<rt>ち</rt></ruby>の ふしぎ

<ruby>携帯<rt>けいたい</rt></ruby><ruby>電話<rt>でんわ</rt></ruby>や<ruby>音楽<rt>おんがく</rt></ruby>プレーヤー、
<ruby>懐中電灯<rt>かいちゅうでんとう</rt></ruby>など、<ruby>今<rt>いま</rt></ruby>わたしたちのくらしに
<ruby>電池<rt>でんち</rt></ruby>はなくてはならないものです。
<ruby>電池<rt>でんち</rt></ruby>はどうやって<ruby>電気<rt>でんき</rt></ruby>をつくっているのか
しらべてみましょう。

実験室

木炭電池

備長炭とアルミはく、
塩水でつくる電池です。
模型のプロペラを
うごかしてみましょう。

用意するもの

□ 備長炭
　（備長炭以外の炭ではできません）

□ アルミはく

□ キッチンペーパー

□ 塩

□ 水

□ 模型用のプロペラ

□ モーター

□ ミノムシクリップ付きコード

□ 台（モーターをのせるためのもの）

□ 塩水をつくるための容器（バケツなど）

□ まぜ棒（割りばしなど）

モーターとプロペラ、
ミノムシクリップ付き
コードは、模型店や
ホームセンターでかう
ことができるよ。

2 キッチンペーパーを2枚かさねて備長炭にまく。備長炭の片方のはしがはみでるようにし、反対側のはしはキッチンペーパーでつつむ。

3 キッチンペーパーの上から塩水をかけて、軽くしぼる。

作り方

1 水に塩をとかして、濃い塩水をつくる（容器の底に塩がとけのこるぐらいが目安）。

 アルミはくが備長炭に直接ふれると電池になりません。キッチンペーパーが少しはみでるようにまきましょう。

4 キッチンペーパーの上からアルミはくをまき、ぎゅっとにぎって備長炭に密着させる。

使い方

プロペラをモーターにとりつけ、台にのせる。
ミノムシクリップをつかって、モーターと木炭電池をつなぐ。このとき、モーターの＋極を木炭に、モーターの－極をアルミはくにつなぐ。

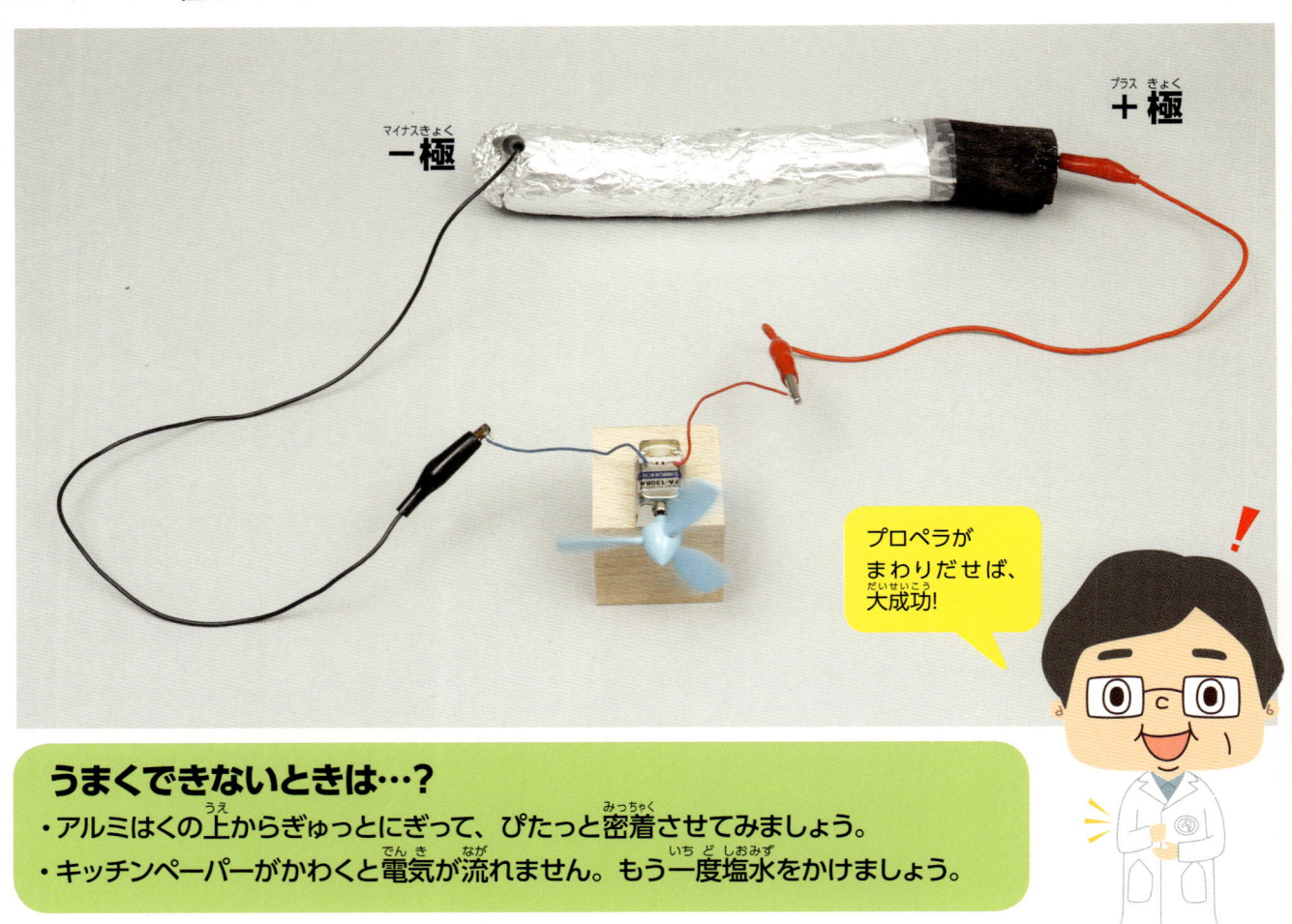

－極

＋極

プロペラが
まわりだせば、
大成功!

うまくできないときは…?

・アルミはくの上からぎゅっとにぎって、ぴたっと密着させてみましょう。
・キッチンペーパーがかわくと電気が流れません。もう一度塩水をかけましょう。

やってみよう

4つの木炭電池を直列につないで、LEDのイルミネーションを点灯させることもできます。
木炭電池1本の電圧はおよそ1Vですが、木炭電池をつなげて電圧を上げることができるのです。

どうして木炭で電池ができるの?

実験がおわったら、木炭にまいていたアルミはくをはがして光にかざしてみましょう。細かいあながたくさんあいているのがみえるでしょう。アルミはくが塩水にとけだしたのです。

アルミが塩水にとけると、アルミの電子がコードをとおって移動し、モーターをうごかして、木炭の中にある酸素にうけとられます。アルミがとけることができなくなると、電子の移動がストップします。これが「電池がきれた」状態です。

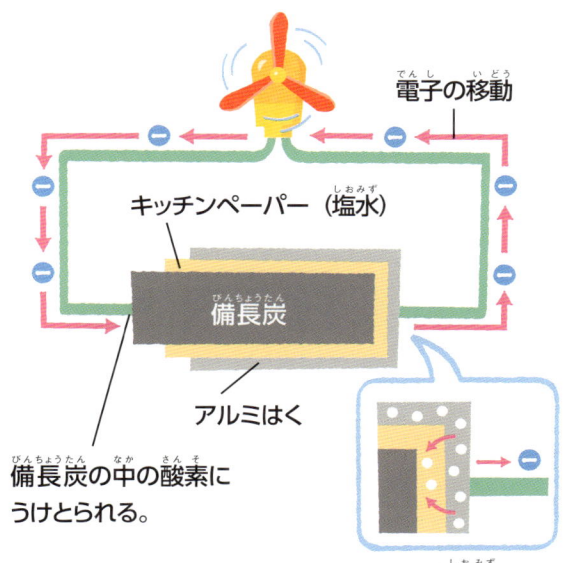

電子の移動

キッチンペーパー（塩水）

備長炭

アルミはく

備長炭の中の酸素にうけとられる。

アルミが塩水にとけて、電子を放出する。

乾電池のしくみ

電池はいろいろな種類がありますが、どれも基本的なしくみは同じです。2種類の金属と電解液（電気をとおす液体）でできているのです。

発明されたころの電池は液体がつかわれていましたが、現在ではとりあつかいがかんたんな乾電池が主流です。

一般的につかわれているマンガン乾電池を例に、電池の中がどうなっているかみてみましょう。

マンガン乾電池の場合、2種類の金属は二酸化マンガンと亜鉛、電解液は塩化亜鉛または塩化アンモニウムをセパレータにしみこませているんだ。

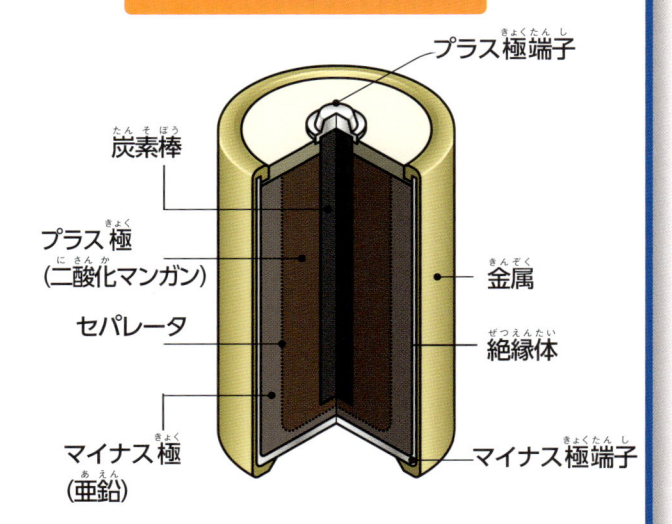

マンガン乾電池のしくみ

プラス極端子

炭素棒

プラス極（二酸化マンガン）

セパレータ

マイナス極（亜鉛）

金属

絶縁体

マイナス極端子

乾電池には他にも、つかわれている素材のちがうアルカリ電池やリチウム電池、ボタン形のアルカリボタン電池、充電してくりかえしつかえるニッケル水素電池など、さまざまな種類があって、用途によってつかいわけられています。

発見隊

どんな形の電池がある？

内部の物質の化学変化によって電気エネルギーをつくりだす装置を電池といいます。
形や素材などによって、さまざまな種類があります。

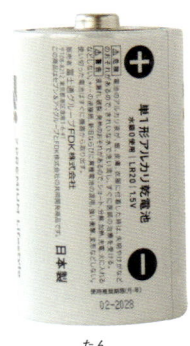 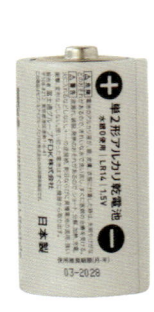  

単1　　単2　　単3　　単4

円筒形乾電池

よくつかわれている乾電池は、国際的な規格サイズのもので、日本では大きい順に「単1」～「単4」形とよばれている。「単」には「これだけで1つの電池」という意味がある。

9V形

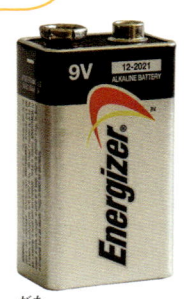

「006P形」ともよばれる。もともとラジオ用としてつくられた、高電圧の乾電池。いまでもラジコンや楽器などにつかわれている。

ボタン形・コイン形

小さく、うすい形状の乾電池。腕時計やゲーム機、カメラ、電子計算機などの小さな電子機器につかわれている。

パック形

製品の形状をコンパクトにするためなど、その機器にあわせ、独自の形につくられる。

カーバッテリー

プラグに火をとばしてエンジンをうごかしたり、ライト類を点灯させるために、自動車などにつまれている。

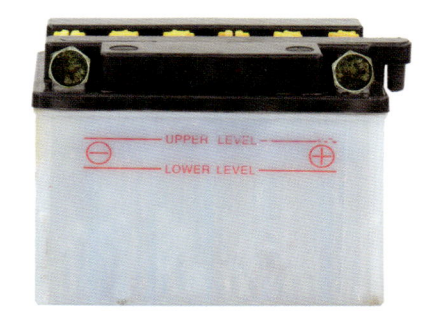

電池が使用されているもの

電池は持ち運びなどに便利なため、ポータブル電子機器をはじめ、多くのものにつかわれています。電池のいれかえが多くなるものには、充電式の電池がつかわれます。

電子・電気機器

携帯電話やタブレットなどには、充電式の電池が内蔵されている。外出先で電池の残量がなくなったときのための外付けの電池も販売されている。

テレビなどのリモコンには、充電式ではないつかいきりの電池がつかわれる場合が多い。

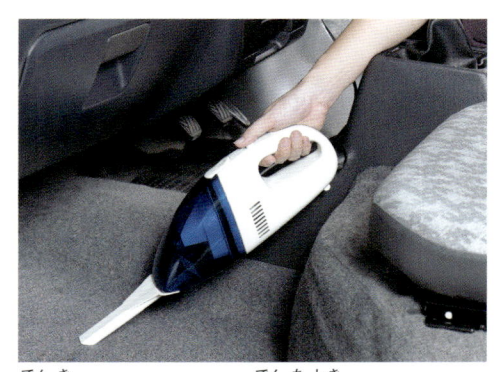

電気コードのない電池式だと、ハンドドリルや小型掃除機などは、とてもあつかいやすくなる。

シニアカー

高齢者のためにつくられた充電式電動車いすの発展版。車ではなく、歩行者あつかいとなる。

電気自動車

ガソリンなどの燃料をつかうエンジンのかわりに、蓄電池をつんでいて、電気の力ではしる。電気の補給は、各家庭や、充電スタンドでおこなう。ガソリンエンジンとの併用で、ガソリンでの走行時に電池に充電をするものもある。

電気をつくるためのもの

化学変化によって電気をつくる電池のほかにも、
電気をうみだすための装置や設備があります。

自家用発電機

ガソリンなどの燃料によってモーターをまわし、電気をつくる。電気設備のない場所や、電気の不足する災害時などにつかわれる。

ソーラーパネル

太陽光発電は、光のエネルギーを電気にかえている。建物をはじめ、公園の照明、卓上電子計算機、災害用ライトなど、さまざまな場所で利用されている。

ダム

水力発電につかわれるダムもある。水がおちる力でタービンをまわし、電気をつくる。

風車

風力発電の装置。風をうけてまわる羽根の回転を電気にかえる。風のよくふく海岸や、山の上につくられている。無風のときは発電ができないため、安定した電気をえるためには、他の発電方法との併用や、蓄電器（電池）の利用が必要になる。

発電する生き物

生き物の中には、体で強い電気をつくりだすことができるものがいます。

写真提供：新江ノ島水族館
デンキウナギの電気を利用してクリスマスツリーのイルミネーションを点灯させることもできる。

人間もふくめてすべての生き物は、細胞からだす弱い電気によって筋肉をうごかしています。その中でも「電気魚」とよばれる魚のなかまは、筋肉が変化してできた発電機を体内にもち、強い電気をうみだします。

有名なデンキウナギは電気でえものの小魚を気絶させてつかまえたり、敵から身をまもったりするほか、視力が弱いために、弱い電気をレーダーのようにつかって周囲を探知します。

デンキウナギがおこす電気の電圧は 500 〜 800V にもなります。乾電池 1 本は 1.5V、テレビなどにつなぐ家庭用のコンセントが 100V なので、とても高い電圧の電気をおこせることかがわかります。

デンキウナギ

南アメリカのアマゾン川などに生息するデンキウナギ科の淡水魚。体長 2.5m。

> デンキウナギのような電気魚は、ひふや発電器官がぶ厚い脂肪でおおわれているから、自分の電気で感電しにくいんだって！

デンキナマズ

アフリカの熱帯地域に生息するデンキナマズ科の淡水魚。体長 1.2m、体のほとんど全体にある発電器官から、300 〜 400V の電気を発生させ、えさの小魚などをつかまえる。

シビレエイ

温帯から熱帯の海に生息するシビレエイ科の海水魚のなかまをまとめてシビレエイとよぶ。発電する電圧は 70 〜 80V で、えものの小魚や小動物をつかまえたり、敵から身をまもったりする。

世界初！ 乾電池の発明

屋井先蔵（1864－1927年）

世界で初めて乾電池をつくったのは、日本人だということをしっていますか。

今、みなさんがつかっている便利な乾電池は、明治20年（1887年）に屋井先蔵という日本人が誕生させたのです。

◆ 6年をかけて「連続電気時計」を発明

屋井先蔵は江戸時代の終わりごろ、文久3年（1864年）に越後長岡藩（現在の新潟県長岡市）にうまれました。もともと機械に興味があった先蔵は、明治8年（1875年）、11歳で東京の時計店にはいり、見習いとしてはたらきはじめました。しかし、はたらきすぎで体をこわし、ふるさとの長岡にもどってきました。体が回復すると、今度は長岡の時計店ではたらくことになりました。15歳のころから先蔵は、

「電池で正確にうごく『連続電気時計』をつくることができないか」

とかんがえ、はたらきながら、熱心に研究しました。21歳になった明治18年（1885年）には、もう一度上京し、東京物理学校（今の東京理科大学）付属の職工（技術者）の仕事をしながら、「連続電気時計」の発明に成功しました。

◆ 液体式ではない乾いた電池はできないか

ところが、この連続電気時計には大きな欠点がありました。つかっている輸入の電池は液体式のダニエル電池といわれるもので、手入れが必要なうえに、冬になると、薬液がこおってしまい、つかえなくなるのです。

「暑くても寒くても一年中つかえて手入れの必要がない、便利な電池はできないものか」

と、先蔵はかんがえました。そして、液体式ではない電池の開発にとりくむことを決意しました。

昼間、仕事をおえると、夜の時間を乾電池の開発にあてました。開発をはじめてからは、毎晩3時間ほどしかねむらず、乾電池づくりにうちこんだといいます。勤め先の物理学校の学者の意見をききながら、先蔵は試行錯誤をつづけました。

液体式の電池の場合は、つかっていくうちに正極（プラス極）に薬液がしみだして金具がいたみ、つかえなくなってしまいます。この問題を解決することに、先蔵はいちばん苦労しました。

「そうだ！　正極の炭素棒にパラフィンをしみこませてはどうだろう」

この思いつきにより、先蔵は、明治20年（1887年）に「乾電池」を発明しました。乾電池をつかって改良された連続電気時計は、明治24年（1891年）に特許権をとりました。これが、日本で初めての電気関係の特許といわれています。

翌年の明治25年には帝国大学（今の東京大学）の理学部が、アメリカのシカゴで開催されたシカゴ万博に、先蔵の乾電池をつかった地震計を出品し、世界の注目をあびました。

先蔵はその後も乾電池の改良をかさね、明治43年（1910年）に、屋井乾電池という名前の会社をつくり、東京の神田に「屋井乾電池販売部」として、販売店をかねた社屋をたてました。同時に浅草に工場をもうけ、大量に乾電池を生産・販売しました。質の高い国産の乾電池を国内にひろめた先蔵は、「乾電池王」といわれるまでになりました。

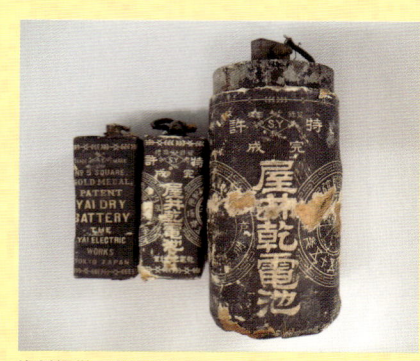

資料提供／郵政博物館

◀ 明治時代、屋井先蔵によって発明され商品化された、屋井乾電池。

磁石の
ふしぎ

磁石はくっついたり反発したり、
ひとりでに南北の方向をむいたり、
ふしぎな性質をもっています。
また、わたしたちの身のまわりでは
いろいろなところに磁石が
つかわれています。

実験室

手作り方位磁石

東西南北の向きがわかる方位磁石。
いろいろな方法で手作りしてみましょう。

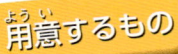用意するもの

☐ ぬい針　２本

☐ ライター

☐ ペンチ

☐ 方位磁石

☐ 皿

☐ 発泡スチロールのトレー

☐ 磁石

☐ 針金ハンガー

☐ 金づち

☐ ミシン糸

☐ 水

実験 1

作り方

1 ぬい針をペンチではさみ、ライターの火で針全体が赤くなるまであぶる。

⚠ 火をつかうところは必ず大人といっしょにやりましょう。

2 方位磁石で南北の向きをしらべ、1の針を南北の方向になるようにおいて、自然にさめるのをまつ。

3 皿に水をはり、小さく切った発泡スチロールのトレーをうかべる。その上にさました針をおく。針をのせた発泡スチロールがくるくるまわり、南北の向きにとまる。

針が熱せられて、方位磁石になったんだよ。

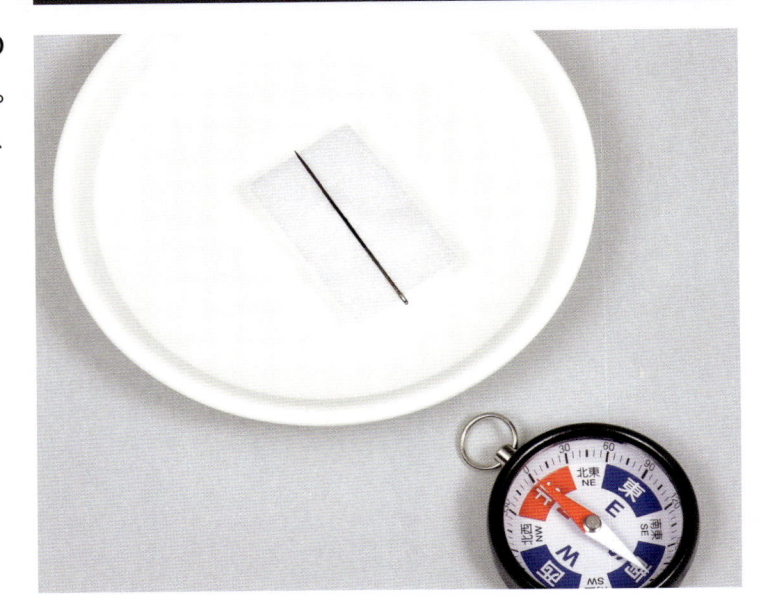

実験2

作り方

1 ぬい針を磁石でこする。このとき、一定の方向にこするようにする。

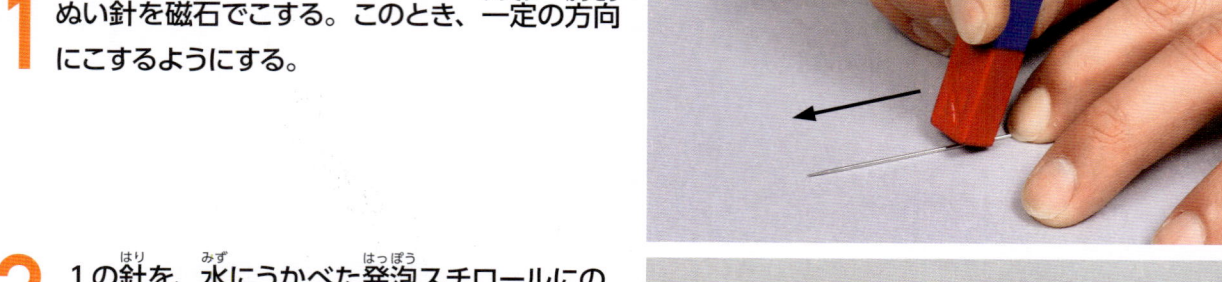

2 1の針を、水にうかべた発泡スチロールにのせると、南北の向きにとまる。

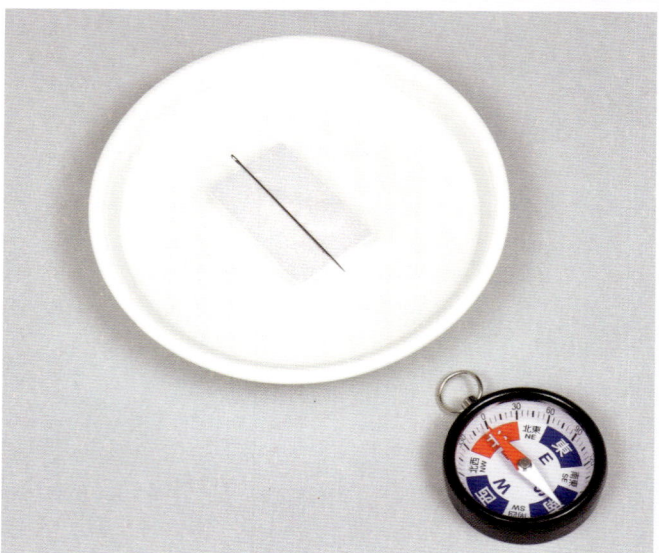

磁石でこすると、針が磁石になるの?

実験3

作り方

1 針金ハンガーをミシン糸でつるす。南北の方向をむけてもち、片側から金づちで数回強くたたく。

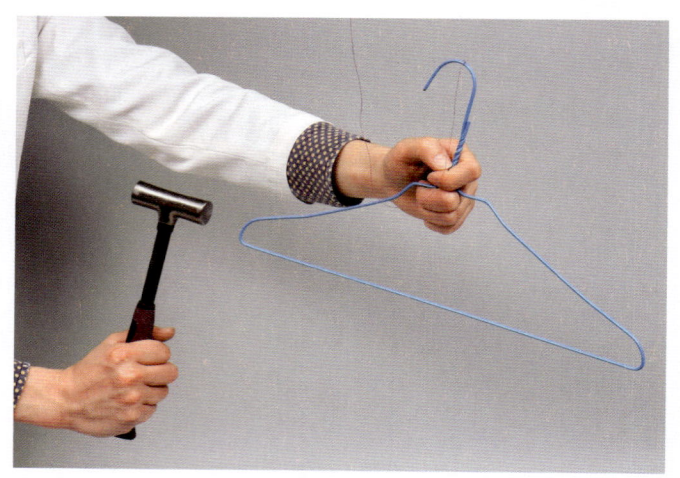

2 ハンガーを糸でぶらさげると、くるくるまわったあと、南北の向きでとまる。

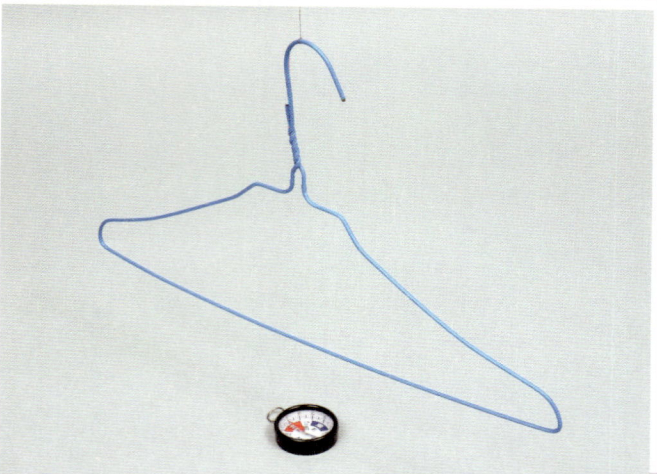

たたいただけなのにすごい!

どうして針や針金で方位磁石ができるの?

ぬい針や針金ハンガーは鉄でできています。鉄は目にみえないくらいの小さな磁石のあつまりです。ふだんは1つ1つの磁石の磁力の向きがバラバラの方向をむいているので、全体としては磁石の性質をもちません。

ところが、火であぶってねっしたり、たたいたり、また磁石でこすったりすると、小さな磁石の向きがそろいます。その結果、磁石となって方位磁石と同じはたらきをするのです

磁力の向きがバラバラ。

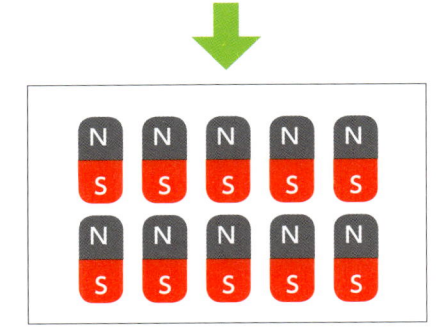

磁力の向きがそろう。

> 方位磁石は、磁石の力で方角をしらべる道具。自由にうごけるようにした磁石が、地球のN極とS極にひっぱられてとまるんだ。

超強力!! ネオジム磁石とは?

ネオジム磁石は1984年に日本の研究者によって発明された磁石です。普通の磁石は鉄(磁鉄鉱)からつくられますが、ネオジム磁石は、ネオジム、鉄、ホウ素が主な原料です。ネオジムは、「レアアース」とよばれる元素のひとつです。

ネオジム磁石はとても強力な磁力があります。1gで1kgの鉄をもちあげることができるくらいです。ネオジム磁石をつかうことで、携帯電話などを小型化することができます。また、これからますます生産がふえる電気自動車などにもつかわれています。

> とても強力だから、まちがってのみこんだりしないように気をつけてね!

発見隊

磁石をつかう

身のまわりにある磁力による現象や、磁石を利用したものをさがしてみましょう。

磁鉄鉱

英語名「マグネタイト」。天然で磁力をもっている鉄鉱石のなかま。

磁力線

棒磁石のまわりの砂鉄がえがいている曲線は、S極とN極の間にはたらいている磁力の向きをあらわすもので、磁力線とよばれている。

磁化

磁石にくっついた鉄のクリップは、自身も磁石となり、ほかのクリップをひきつける。

方位磁針

磁石の針が南北をさすことを利用した、方位をしることができる道具。

羅針盤

方位磁針のひとつで、船や飛行機などで、進路や方角をはかるためについている装置。

初心者マーク

まだ運転になれていない人が自動車につける初心者マークは、マグネットシートになっている。

冷蔵庫のドアがしっかりしまるのは、ゴムパッキンの中に磁石がはいっているからなんだよ。

バッグのとめ具

バッグやランドセルなど、ふたのあけしめがしやすいように、とめ具に磁石がつかわれているものがある。

おもちゃ

磁石は、とめたりはずしたりがかんたんにできるので、おもちゃにもたくさんつかわれている。

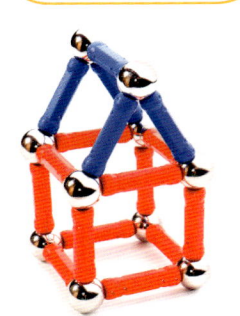

スティックと磁石のブロック。

車体の前後についた磁石で連結したりはずしたりできる列車。

うら面に磁石がついたパズル。

ふしぎな形をつくる 磁性流体

磁石にひきよせられる、黒いふしぎな液体です。すぐそばまで磁石をちかづけると、磁力線にそってたくさんのとげをたてる「スパイク現象」がみられます。

磁石（じしゃく）と電気（でんき）

磁石（じしゃく）のうごきが電気（でんき）をうんだり、電気（でんき）をながすことで磁力（じりょく）がうまれたりと、磁石（じしゃく）と電気（でんき）には深（ふか）いつながりがあります。

電磁石（でんじしゃく）

鉄（てつ）の棒（ぼう）にコイルをまいて、それに電気（でんき）をながすと磁力（じりょく）がうまれる。これを電磁石（でんじしゃく）という。

電磁石（でんじしゃく）は、磁力（じりょく）を調節（ちょうせつ）できるし、電気（でんき）をとめれば磁力（じりょく）がなくなるのであつかいやすい。

モーター

コイルに電気（でんき）をながすことで、磁力（じりょく）が発生（はっせい）し、まわりにある磁石（じしゃく）とコイルが反発（はんぱつ）して回転（かいてん）するしくみになっている。

発電（はつでん）ライト

本体（ほんたい）をふって内部（ないぶ）にある磁石（じしゃく）をうごかし、コイルの間（あいだ）をいききさせることで電気（でんき）をうみだし、ライトをひからせる。

スピーカー

音（おと）の信号（しんごう）が電気（でんき）となって内部（ないぶ）のコイルにながれ、それをとりかこむ磁石（じしゃく）とひきあったり、反発（はんぱつ）したりして、振動板（しんどうばん）をうごかし、音（おと）をだす。

リニアモーターカー

通路（つうろ）に設置（せっち）したコイルに磁力（じりょく）を発生（はっせい）させ、車両（しゃりょう）の磁石（じしゃく）と反発（はんぱつ）させてはしらせる。浮上（ふじょう）した状態（じょうたい）をたもてるように、電子制御（でんしせいぎょ）されていて、高速走行（こうそくそうこう）ができる。新時代（しんじだい）の乗（の）り物（もの）として期待（きたい）され、開発（かいはつ）がすすめられている。

地球は大きな磁石

地球は大きな磁石にたとえられます。地球のもつ磁気を「地磁気」とよびます。地磁気とは一体どのようなものなのでしょうか。

地磁気ができるしくみ

地球は、「地殻」「マントル」「核」という3つの部分からできています。

中心にある核は鉄やニッケルなどからできていますが、核の内側の部分は「内核」といって固体、外側の部分は「外核」といってどろどろにとけた状態になっています。

このとけた鉄が地球の自転などによってうごくことで発電機のようなはたらきをして電流や磁気が発生するとかんがえられています。

その結果、地球は南極の方向がN極、北極の方向がS極の大きな磁石のようになっているのです。

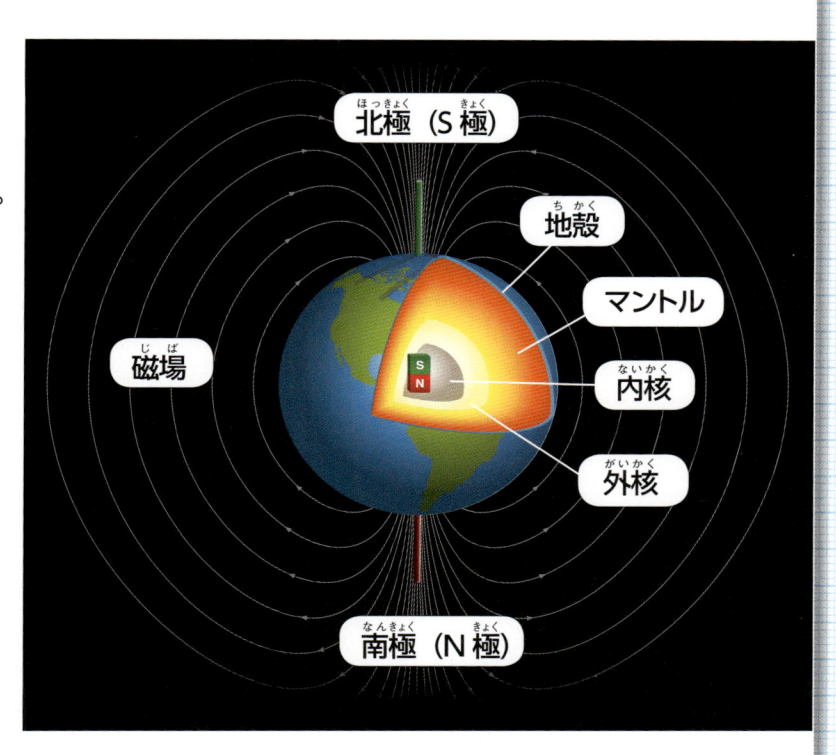

北極（S極）
地殻
マントル
内核
外核
磁場
南極（N極）

千葉県市原市をながれる養老川ぞいの地層。77万年前の地磁気反転が記録されていることで注目をあつめている。

反転する地磁気

かつて、地磁気の南北は何度もいれかわっていました。とても信じられないことですが、N極が北をむいていた証拠があります。

地層は長い間に粘土や火山灰がつみかさなってできていますが、その中に弱い磁気をもった鉱物がふくまれています。その鉱物は地層ができるときに、その時の地磁気の影響をうけて同じ方向にならびます。そして地層の中にふうじこめられると、その向きは何十万年もかわらずに保存されるのです。現代の地磁気の向きと鉱物の磁気の向きが逆であれば、反転がおきていたということになります。地層には、年代をしらべることができる別の鉱物もふくまれているので、それらをしらべることで、いつごろに反転がおきたかをしることができるのです。77万年前におきた最も最近の反転の証拠とされる地層が、千葉県市原市にのこっています。

生命をまもる

もしも地磁気がなくなってしまったら、どうなるでしょうか。山で道にまよってしまったとき、方位磁石が役にたたなくなってしまうでしょう。でもそれだけではありません。実は、目に見えない地磁気が、人間をはじめ地球上の生命をまもってくれているのです。

地磁気は、南極と北極をむすんで地球のまわりをとりかこむ磁気圏をつくっています。太陽からは、生き物にとって害のある太陽風や宇宙線がとんできますが、磁気がそれをまげて、地上にとどかないようにしてくれているのです。

地球に生命がうまれたのは、磁場がまもってくれる環境があったからだといわれているよ。

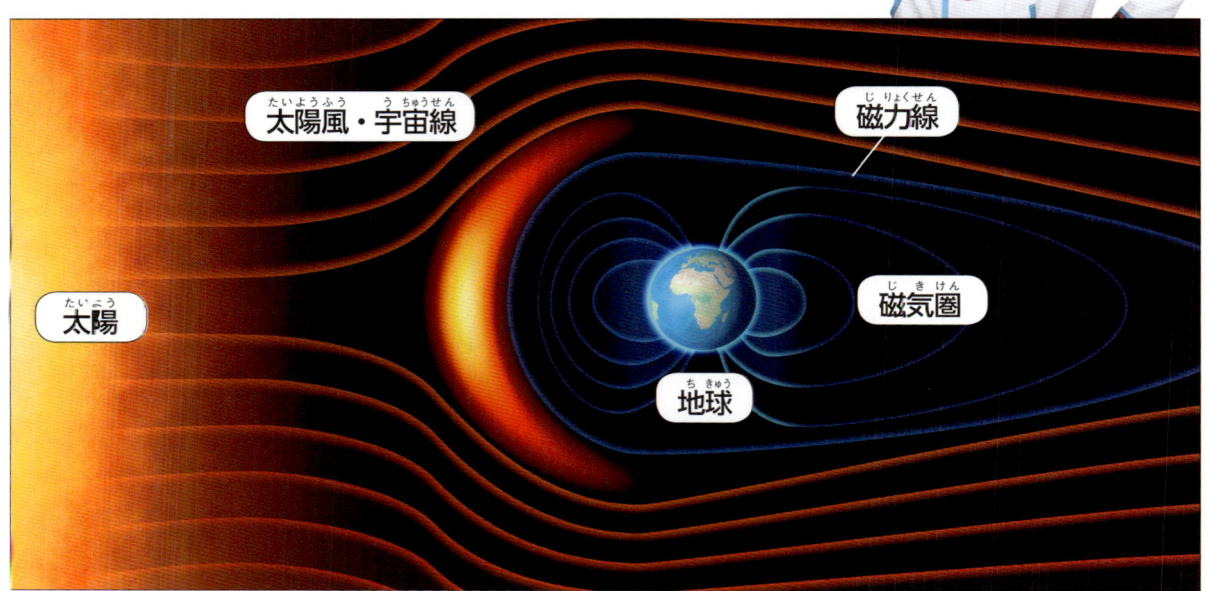

太陽風・宇宙線

磁力線

太陽

磁気圏

地球

美しい現象

太陽からふきつける電気をおびた粒子が地球のまわりの磁気圏によって北極と南極の近くにあつまり、地球の大気にふくまれる窒素や酸素とぶつかって光をだします。それがオーロラです。地上からみると、夜空に光のカーテンがゆらめくようにみえます。

水の<ruby>水<rt>みず</rt></ruby>ふしぎ

水は、<ruby>空気<rt>くうき</rt></ruby>とならんで<ruby>地球<rt>ちきゅう</rt></ruby>で
もっともありふれたもののひとつです。
しかし、<ruby>水<rt>みず</rt></ruby>にはほかの<ruby>物質<rt>ぶっしつ</rt></ruby>にはみられない
<ruby>変<rt>か</rt></ruby>わった<ruby>性質<rt>せいしつ</rt></ruby>があります。
<ruby>水<rt>みず</rt></ruby>のふしぎな<ruby>性質<rt>せいしつ</rt></ruby>を
さぐっていきましょう。

実験室

おふろで氷山

氷山は海にうかぶ氷のかたまりです。
氷は水が固体になったものなのに、
どうして水にうかぶのでしょうか。
手作り氷山をおふろにうかべてしらべてみましょう。

用意するもの

☐ ポリ袋　2枚
☐ 水
☐ うつわ

準備

ポリ袋の1枚に水をたっぷり、もう1枚には水を少しいれて口をしばる。冷凍庫に一晩いれてこおらせ、大きい氷と小さい氷をつくる。

1 大きいほうの氷をポリ袋からだし、おふろ（水をはったうつわ）にうかべてみる。

氷がぷかぷかういている！どういうこと？

つまり、氷は水よりも軽い※ということだね。

やってみよう

しずむ氷をつくってみよう

水 100mL にたいして砂糖を 30g

くわえてよくかきまぜてとかす。
ポリ袋にいれて冷凍庫でこおらせる。
氷ができたら、水にうかべてみよう！

※この場合の重さとは、水と氷を同じ体積にしたときの重さのことです。

実験2

1 小さいほうの氷をうつわにいれ、うつわのふちまで水をいれる。氷がとけるのを観察する。

さあ、ここで問題だよ。氷が全部とけたら、うつわの水はあふれる？ それともあふれない？

氷の水面からとびだしている部分がとけたら、あふれちゃうんじゃない？

2 氷がすべてとけても、水はあふれない。

つまり、氷が水になって、ちぢまったってこと…？

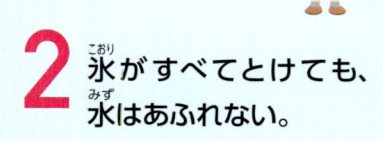

どうして氷は水よりも軽くて体積が大きいの？

水は、温度によって氷（固体）から水（液体）、そして水蒸気（気体）とすがたをかえます。固体のとき、水分子はたがいに強くむすびついて、規則正しくならんでいます。このとき、分子と分子の間にすき間ができます。すき間がある分、体積がふえるのです。

重さはかわらずに体積だけがふえた結果、同じ体積の水にくらべて軽くなって、水にうくのです。

実験2では、水面からとびでた氷がとけても、水面の位置はかわりませんでした。実は水面からとびでた氷は、水が氷にかわるときにふえた体積とひとしいのです。

氷がとけると、体積は元にもどるので、水があふれることはないのです。

分子が自由にうごけるかどうかですがたがぜんぜんちがうんだね！

水の三態

固体（氷）
分子は強くむすびつき、固くなる。

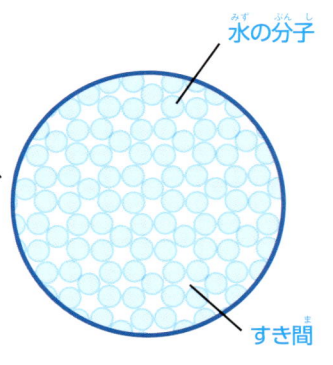

水の分子

すき間

液体（水）
分子が近くで自由にうごきまわる。

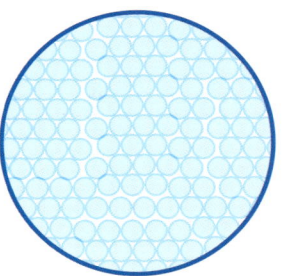

気体（水蒸気）
分子はバラバラにとんでいく。

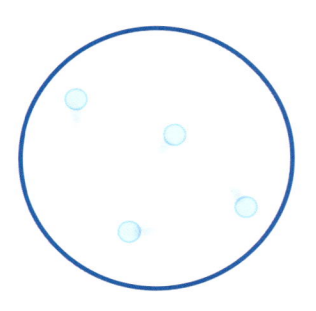

水のふしぎな性質

ほとんどの物質は、液体から固体になると体積が小さくなりますが、水だけは氷になると体積がふえます。

また、水の体積がもっとも小さくなるのは、固体と液体の境目である0℃ではなく、4℃のときです。普通の物質は、温度が高くなるほど体積が大きくなりますが、水の場合は、0℃から4℃にちかづくとき、分子と分子の間にできたすき間が小さくなるので、体積が小さくなるのです。

水の体積と温度の関係

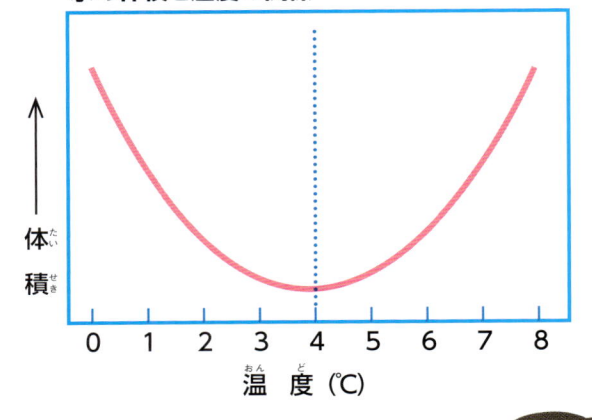

体積

0 1 2 3 4 5 6 7 8

温度（℃）

海にうかぶ本物の氷山も、海面の下に大きな氷がかくれているんだ！

発見隊

自然の中の水のすがた

常温では水は液体ですが、温度によってすがたをかえます。ねっすると蒸発して、目にみえない水蒸気になり、冷凍庫でひやすと氷になります。身のまわりでみられる水のようすに注目してみましょう。

雨

大気中の水蒸気をもとにできた雲から、大きくなった水のつぶが「雨」としておちてくる。

雪・みぞれ

「雪」は、雲からおちてくる氷の結晶。雪と雨が同時にふるときは「みぞれ」とよぶ。

ひょう・あられ

雲からおちてくる氷のつぶで、直径5mm未満を「あられ」、5mm以上を「ひょう」とよぶ。

霧

小さな水のつぶが、地表の近くでふわふわとただよっているものを「霧」とよぶ。

雲

大気中の水蒸気が、上空でひやされ、小さな水や氷のつぶのあつまりとなったもの。

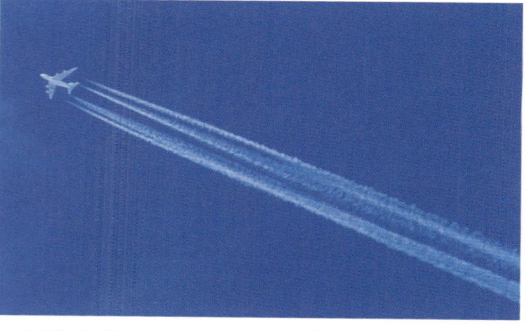

「飛行機雲」は、小さな氷の粒があつまったもの。飛行機のエンジンの排気ガス中の水分がひやされたり、つばさの後ろに空気のうずができることで、空気中の水分が部分的にひやされてできる。

つゆ

日がしずんだあとなど、空気中の水蒸気がひやされて、植物の葉などに小さな水滴がつく。

しも

つゆと同じできかたで、地表付近の温度が0℃より低いときは氷の結晶の「しも」となる。

つらら

屋根などからしたたる水が、たれさがった棒のような形でこおったもの。

しもばしら

地中の水分が地表にしみだして、細い柱のようになってこおったもの。地表の土をおしあげることが多い。

流氷（りゅうひょう）

寒さのきびしい寒帯の海から、われた海面の氷がながされてきたもの。北海道のオホーツク海沿岸で毎年みられる。

家でもみつかる！ 水のすがたいろいろ

くらしの中でも、いろいろな場所で、水は変身したすがたをみせてくれます。どんなとき、どんな形でみられるでしょうか？　さがしてみましょう。

あたたかい料理から、湯気がたちのぼる。

冷蔵庫からよくひえた飲み物をだすと、容器に水滴がつく。

ひえこんだ日、外においていたバケツの水に氷がはる。

美しい雪と氷のすがた

寒さのきびしい場所では、ふだんはなかなか目にすることができない雪や氷のすがたがみられます。

ダイヤモンドダスト

とても寒い、晴れた冬の朝、空気中の水蒸気が氷の小さなつぶとなり、キラキラとかがやきながら空中をただよう現象。

霧氷

冬山で、つめたい霧や水蒸気が木や建物にふれてこおりつき、氷の層をつくる。

ジュエリーアイス

北海道の十勝川付近でみられる現象。こおった川の氷が海へながれ、透明な氷のつぶとなって海岸にうちあげられる。

フロストフラワー

こおった湖の湖面から蒸発した水蒸気が、氷の結晶となって成長し、花のような形になる。

くらしに役だつ水

地球にくらす生き物にとってもかかすことのできない水。命をはぐくむ以外にも、さまざまな場面で水は利用されています。

消火

火をけすための、もっとも有効な方法のひとつが、水をかけることだ。

保温

水田の水は、稲がそだつための栄養がたくわえられているほか、夜のひえこみから稲をまもる保温の役目もある。

冷却

常温でつめたい水は、まわりのものをよくひやす。また、気化するときも、ものの熱をうばう。

洗浄

体やものについたばいきんやよごれを水であらいおとす。高圧の水をふきだす洗浄機もある。

蒸し料理

いもやまんじゅうなどを蒸して料理すると、蒸気によって食材の中まで熱をとおせる。

発電

火力や原子力など、多くの発電所では、蒸気の力でタービンをまわし、電気をうみだす。水の流れをつかって水車をまわし、発電する「水力発電」もある。

蒸気機関

蒸気の力でピストンをうごかす蒸気機関は、機関車などに利用され、文明発達の大きな力となった。

宇宙にも水はある？

地球は「水の惑星」といわれるほど水にめぐまれた天体です。地球以外に水のある天体はあるのでしょうか。

太陽系の天体

地球は太陽系の中で表面に液体の水が存在するただ１つの惑星です。なぜほかの惑星には液体の水がないのでしょうか。その理由のひとつは惑星の太陽からの距離です。地球よりも太陽に近い水星や金星では太陽の熱で表面の温度が 200℃をこえることがあるため、水はすべて蒸発して水蒸気になっています。反対に、地球の外側の惑星では、表面温度が− 50℃以下になり、水は氷になっています。地球は水が液体でいられるちょうどよい距離にあるのです。

ただ、地球のように表面をおおう水ではありませんが、地下に液体の水があるとかんがえられる天体があります。土星の衛星「エンケラドス」と木星の衛星「エウロパ」などです。いずれも表面は氷でおおわれていて、その地下に液体の水があるとかんがえられています。

地球の水

地球上にはおよそ 14 億 km³ の水があるといわれています。その大部分は海水で、淡水はわずか 2.5％しかありません。また、この淡水も大部分が南極や北極地域などの氷や氷河になっていて、川や湖などの人間がつかうことのできる水の量は、地球全体の約 0.01％しかありません。

地球上の水の内訳

人間が利用できる水 約 0.01％
海水など 約 97.5％
淡水 約 2.5％

地球の表面の約 70％が海だよ。地球ににた液体の水がある惑星が宇宙のどこかにあるとすれば、生命が存在するかもしれないね！

太陽系惑星の表面温度

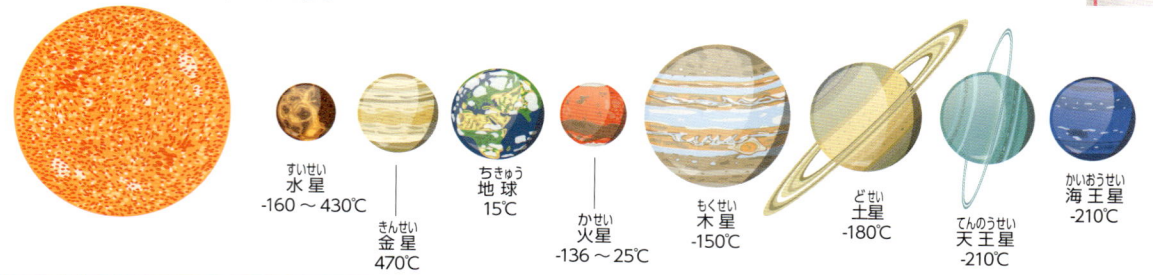

水星 -160 ～ 430℃
金星 470℃
地球 15℃
火星 -136 ～ 25℃
木星 -150℃
土星 -180℃
天王星 -210℃
海王星 -210℃

太陽系以外の惑星

太陽系以外には、地球のように液体の水が存在する可能性のある惑星がいくつか発見されています。たとえば地球から 500 光年はなれたところにある惑星「ケプラー186f」は、大きさが地球の 1.1 倍で、地球でいうと太陽にあたる恒星「ケプラー186」のまわりを約 130 日かけて 1 周しています。恒星から適度な距離にあることから、表面に液体の水が存在する可能性があるとかんがえられています。

液体の水は、生命がうまれる重要な条件のひとつだとかんがえられています。水が存在する惑星をさがすことが、地球外の生命をさぐるヒントなのです。

結晶の
ふしぎ

結晶ときいて何をおもいうかべますか。
キラキラした水晶やダイヤモンドが
よくしられていますが、
ほかにもいろいろな結晶があります。

実験室

尿素の結晶

尿素などをとかした液体を
フェルトの土台にしみこませて
かわかすと、まるで雪のような
結晶がそだちます。

用意するもの

- ☐ 尿素　100g
- ☐ 水　100mL
- ☐ 洗濯のり（PVAいり）10mL
- ☐ 台所用洗剤　5～6滴
- ☐ 木工用ボンド　2～3滴
- ☐ びん（耐熱性のもの）
- ☐ なべ
- ☐ わりばし
- ☐ フェルト
- ☐ ゼムクリップ
- ☐ セロハンテープ
- ☐ 皿（アルミカップなどでもよい）
- ☐ はさみ

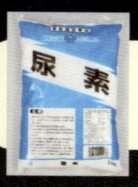

尿素は植物の肥料として、ホームセンター
の園芸コーナーなどでうられています。

作り方

1 土台になるフェルトを好きな形にきる。ゼムクリップのはしをのばして、フェルトのうらがわにセロハンテープではってたてる。

2 びんに分量の水、尿素をいれて、なべで湯せんにかけながら、わりばしでまぜる。
尿素がとけたら、洗濯のり、台所用洗剤、木工用ボンドをくわえてまぜる。

⚠ 火をつかうところは必ず大人といっしょにやりましょう。

3 2の尿素液を皿などにとり、1のフェルトをひたしてしみこませる。

4 水分が蒸発するにつれて、結晶がそだつ。

結晶ができるところを観察してみよう！

スタート

15分後

もこもこになった！

雪がつもったみたいだね！

1時間後

結晶を拡大してみると…

木の枝みたいにきれいな形をしているよ。

できあがり！

どうして結晶ができるのでしょうか?

　何か物質を水にとかすとき、温度が高いほどたくさんとかすことができます。物質が水にとけることができる量は、温度によってきまっています。そして、温度が下がったり水分が蒸発したりすると、とけきれなくなった物質が固体になってでてきます。それが結晶です。

　実験では尿素を湯せんにかけてあたためながらとかしました。尿素液にひたしたフェルトから、水分が蒸発し、液の温度がさがると、とけきれなくなった尿素が結晶になってあらわれてきます。それでフェルトの表面から結晶がそだっていくのを観察することができるのです。

たくさんの尿素が水にとけている。

水分が蒸発し液の温度がさがると、とけきれなくなった尿素があらわれる。

結晶とはどんなもの?

　どんな物質も、「原子」や「分子」という人間の目では見分けることができないほど小さなつぶからできています。そのつぶが規則正しくならんでいる物質が結晶です。

　つぶのならび方は、物質によってちがいます。たとえば塩はサイコロのような六面体、ミョウバンは八面体になります。

　えんぴつのしん（黒鉛）とダイヤモンドはどちらも同じ炭素でできていますが、結晶の構造がちがいます。結晶の構造がちがうだけで、まったく別の物質になってしまうのです。

部屋の温度や湿度によって、結晶のでき方がかわるから、いろいろためしてみるといいね！

ダイヤモンド

えんぴつのしん（黒鉛）

ガラスの結晶は?

　ガラスは熱をくわえていくとだんだんやわらかくなって、最後にはさらさらの液体になってしまいます。どこまでが固体でどこからが液体なのかはっきりせず、結晶をもたない「非晶質」という物質といわれています。

発見隊

どんな結晶がある？

言葉としてはよくきく「結晶」ですが、実際にはどんなものなのでしょう。身近なものにも結晶はあるのでしょうか？

とけたり、こわれたりしていない雪の結晶をみたことあるかな？

雪

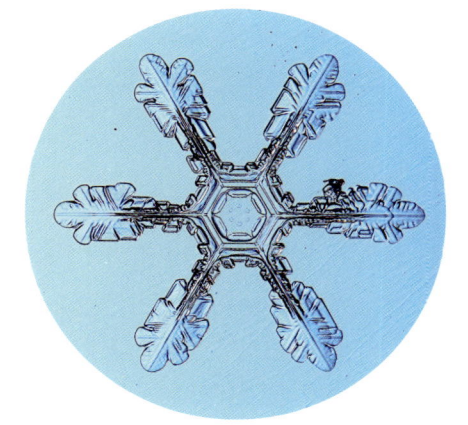

雪は、雲の中で小さな水や氷のつぶに水蒸気がくっついてできる。温度や湿度などのちがいで、さまざまな形に成長する。

水の分子には六角形にならぶ性質がある。そのため雪の結晶はどれも六角形を基本の形にしたものになる。

塩

塩の結晶の基本の形は、サイコロのような正六面体。売られている塩の多くは、拡大してみるとサイコロ形だ。

砂糖

砂糖の主成分はショ糖というもの。これが結晶化すると、長方形になる。

ミョウバン

ミョウバンの結晶は、2つのピラミッドを底面でくっつけた形の、正八面体になる。

重そう

実験でつかった尿素と同じように、針状の結晶ができる。できかたは尿素よりかなり遅い。

ワインの底のキラキラひかる結晶

ワインのびんの底に、「酒石」という細かいガラスつぶのようなものができることがあります。これはブドウにふくまれる酒石酸が結晶になったものです。

「ワインのダイヤモンド」とよばれる。

鉱物の結晶ギャラリー

多くの鉱物は、結晶によって自然に形づくられたものです。とくに美しく、かたく、めずらしいものは、宝石としてあつかわれます。

エメラルド

こい緑色の宝石。結晶は六角柱の形状になるのが一般的。

ロードナイト

日本では「バラ輝石」ともよばれる、きれいなバラ色の石。結晶は柱状で、側面などがかたむいている。

ざくろ石

十二面体や正八面体などの多面体の結晶。透明度が高く、きれいな色のものは宝石「ガーネット」とよばれる。

モリオン

日本では「黒水晶」とよばれる。魔よけの石として人気がある。

アメジスト

紫色をした水晶で、日本名は「紫水晶」。色はうすいものも、こいものもある。

水晶

鉱物の「石英」のうち、とくに無色透明なものを水晶とよぶ。結晶はきれいな六角柱の形になることが多い。

黄鉄鉱（おうてっこう）

正六面体（せいろくめんたい）や八面体（はちめんたい）、十二面体（じゅうにめんたい）など、整った形（ととのったかたち）の結晶（けっしょう）をつくる。英語名（えいごめい）は「パイライト」。

フローライト

正八面体（せいはちめんたい）の形（かたち）にわれる。加熱（かねつ）すると発光（はっこう）するので「ほたる石（いし）」とよばれる。

カルサイト

日本名（にほんめい）「方解石（ほうかいせき）」。石材（せきざい）としては「大理石（だいりせき）」とよばれる。

アパタイト

結晶（けっしょう）は六角柱（ろっかくちゅう）や、六角形（ろっかくけい）の板状（いたじょう）。色（いろ）はさまざまでアクセサリーにされる。

トパーズ

うすい黄色（きいろ）の宝石（ほうせき）で、日本（にほん）では「黄玉（おうぎょく）」ともよばれる。柱状（ちゅうじょう）の結晶（けっしょう）。

ジルコン

結晶（けっしょう）の基本形（きほんけい）は、断面（だんめん）が正方形（せいほうけい）になる四角柱（しかくちゅう）。日本名（にほんめい）「ヒヤシンス石（いし）」。

スタウロライト

結晶（けっしょう）が十字形（じゅうじがた）をえがくため、キリスト教（きょう）の国（くに）ではお守（まも）りにもされている。日本名（にほんめい）「十字石（じゅうじせき）」。

結晶の洞窟

自然の中には、何万年もの時間をかけて大きく成長する結晶があります。

鍾乳洞

鍾乳洞は、石灰岩が地下水などによってとかされてできた洞窟です。洞窟の中には、つららのような形の鍾乳石がみられます。タケノコのように地面から上に成長したものは「石筍」とよばれます。

鍾乳石や石筍は、炭酸カルシウムをふくんだ地下水が洞窟の天井や壁からしみだして、結晶になった「方解石」です。

沖縄県南城市にある鍾乳洞「玉泉洞」。20万〜50万年前にできたとされる。たくさんの種類の鍾乳石や石筍がみられることで有名。

山口県美祢市の秋吉台の地下にある、日本最大の鍾乳洞「秋芳洞」。写真は、「黄金柱」とよばれている大きな柱状の結晶。

クリスタルの洞窟

これは「クリスタルの洞窟」とよばれる、メキシコ北部にある洞窟です。洞窟の中はセレナイトの巨大な結晶でうめつくされています。最も大きな結晶では、長さ12m、直径4m、重さにして55tもあるといわれています。

この洞窟があるのは、ナイカ鉱山の地下300mのところで、数十万年もの間、約58℃の地下水にみたされていました。巨大結晶は、その間に少しずつ成長をつづけてきたとかんがえられています。

右下の人とくらべると、結晶の巨大さがわかるね！

© イメージナビ

歴史にのこるすごい発見

科学の歴史の中には、それまで常識とされていた説をくつがえし、科学研究の世界だけではなく社会全体にまで大きな影響をおよぼすことになった大発見があります。コペルニクスの「地動説」や、ダーウィンの「進化論」などです。

あたり前だとおもわれていたことに疑問をもち、観察し、かんがえる力が、歴史にのこるすごい発見をうんだのです。

コペルニクスの「地動説」

1543年、ポーランドで、キリスト教の教会の司祭であり天文学者でもあったコペルニクスが、『天体の回転について』という本を出版します。その中で彼は、地球は太陽のまわりをまわっているという「地動説」を発表しました。

それまでの天文学の常識だった「天動説」とは全くちがう新しい考え方だったことから、のちに、物事の見方や考え方を180度かえるユニークな発想を、「コペルニクス的転回」「コペルニクス的発想の転換」などというようになりました。

◆教会の司祭をしながら天文学を研究

コペルニクスは、ポーランドのいなか町フロムボルクで、教会の司祭として地域の人々のためにつくすかたわら、好きな天文学の研究にうちこみました。

コペルニクスの時代には、宇宙の中心は地球であり、太陽と月と星々が地球のまわりをまわっているとかんがえる「天動説」があたり前でした。この説は、古代ギリシャの天文学者プトレマイオスが2世紀にまとめた、『アルマゲスト』という本にかかれているものです。

◆「天動説」をくつがえす新しい発想

「天動説では、火星や水星や金星などの不規則な動きの説明がつかない。月だけは地球のまわりをまわっているが、わたしたちのすむ地球やほかの星は、太陽を中心にしてそのまわりをまわっているのではないだろうか」

天体観測をする中でコペルニクスがこのような考えをもち、理論をくみたてていったのは、まだ30代だった1508年ごろからだといわれています。

◆本が出版されたのは コペルニクスの死後

1539年、コペルニクスの研究の評判をきいた若い天文学者が、彼のもとをたずねてきました。大学で教授をしているレティクスという、20代の青年です。レティクスは、コペルニクスの「地動説」の理論をきくと、すぐに弟子になりました。そして、

「先生、これはたいへんな発見です！ ぜひ、本にして世間に発表すべきです」

と出版を強くすすめ、原稿をまとめる手伝いをしました。

原稿をねりあげたり、印刷のためのやりとりをするには時間がかかり、全6巻の印刷見本がドイツの業者からとどいたのは、4年後の1543年5月24日でした。すっかり体が弱っていたコペルニクスは、本の完成をしって安心したのか、この日のうちに70年の生涯をとじたということです。

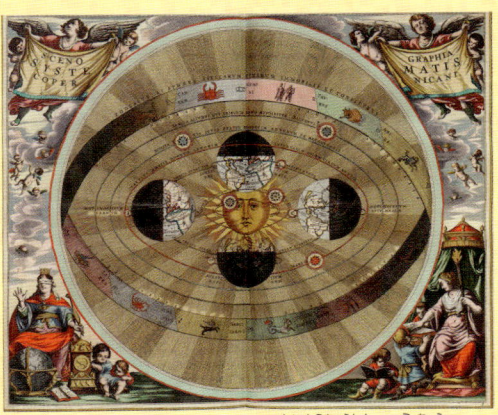

▲コペルニクスのかんがえた太陽中心の宇宙。

ダーウィンの「進化論」

イギリスの博物学者ダーウィンは、1859年に『種の起源』という本を出版しました。この中で彼は、種（生き物の種類）はその環境の中でいきのびやすいように「自然選択」によって進化する、という「進化論」を発表しています。

「進化論」はのちの生物学者たちに修正をくわえられながらも、21世紀の今もなお、生物学の基礎をなす大切な考えとされています。

◆落ちこぼれだった学生時代

医者の家に生まれたダーウィンは、エディンバラ大学で医学をまなびましたが、血をみることが苦手で、大学を2年でやめてしまいました。

次にいったのは、キリスト教の牧師になるための、ケンブリッジ大学クライスト・カレッジでした。しかし神学の勉強には身がはいらず、博物学の勉強や昆虫採集に熱中しました。

大学で博物学者のヘンズロー教授とであえたことが、彼の人生を大きくかえます。1831年に大学を卒業すると、教授の紹介により、南米にむかう調査船ビーグル号にアマチュア博物学者としてのりこむことになったのです。

◆5年にわたる調査旅行

ビーグル号は南米のほかにも、ニュージーランドやオーストラリアなどさまざまなところにたちより、5年にわたって航海をつづけました。ゆく先々でダーウィンは、絶滅した生き物の化石や、そこに生息する植物、虫や鳥、その他の動物など、さまざまなものをあつめ、1836年に帰国しました。

ダーウィンがあつめた鳥の標本を整理した鳥類学者のグールドは、彼が数種類の別々の鳥だとかんがえていたガラパゴス諸島の鳥を、どれもフィンチという鳥に分類しました。

◆『種の起源』の出版で国際的な話題に

グールドの分類におどろいたダーウィンは、このことを、「種の変化」についてかんがえるきっかけとしました。

「くちばしだけをみても、ちがった鳥にみえるのに、同じ種類の鳥だったとは！　種はずっと同じではなく、すんでいる場所によって、すみやすくなるよう進化していくのではないだろうか」

とかんがえて、このことをうらづけるための研究をすすめたのです。1859年、彼が『種の起源』を出版すると、発売日当日にうりきれるほどの評判となりました。この本は国際的にも関心をひき、その後、さまざまな言葉に翻訳されています。

彼の進化論には反発する人も多かったのですが、それにもめげず、1871年に出版した『人間の由来』の中では、人は最初から人だったのではなく類人猿から進化したという考えを発表し、「人は動物のひとつの種である」と主張したのです。

1. Geospiza magnirostris
2. Geospiza fortis
3. Geospiza parvula
4. Certhidea olivacea

Finches from Galapagos Archipelago

▲ガラパゴス諸島に生息する鳥フィンチのくちばし。（ダーウィン『ビーグル号航海記』より）

▲ガラパゴスフィンチの一種。

酸性とアルカリ性の
ふしぎ

身のまわりには、
酸性やアルカリ性といわれる
物質がいろいろあります。
酸性とアルカリ性とは
いったいどのような
性質なのでしょうか。

紫キャベツの色水

紫キャベツからとった色水にいろいろなものをまぜて、
色の変化を観察しましょう。

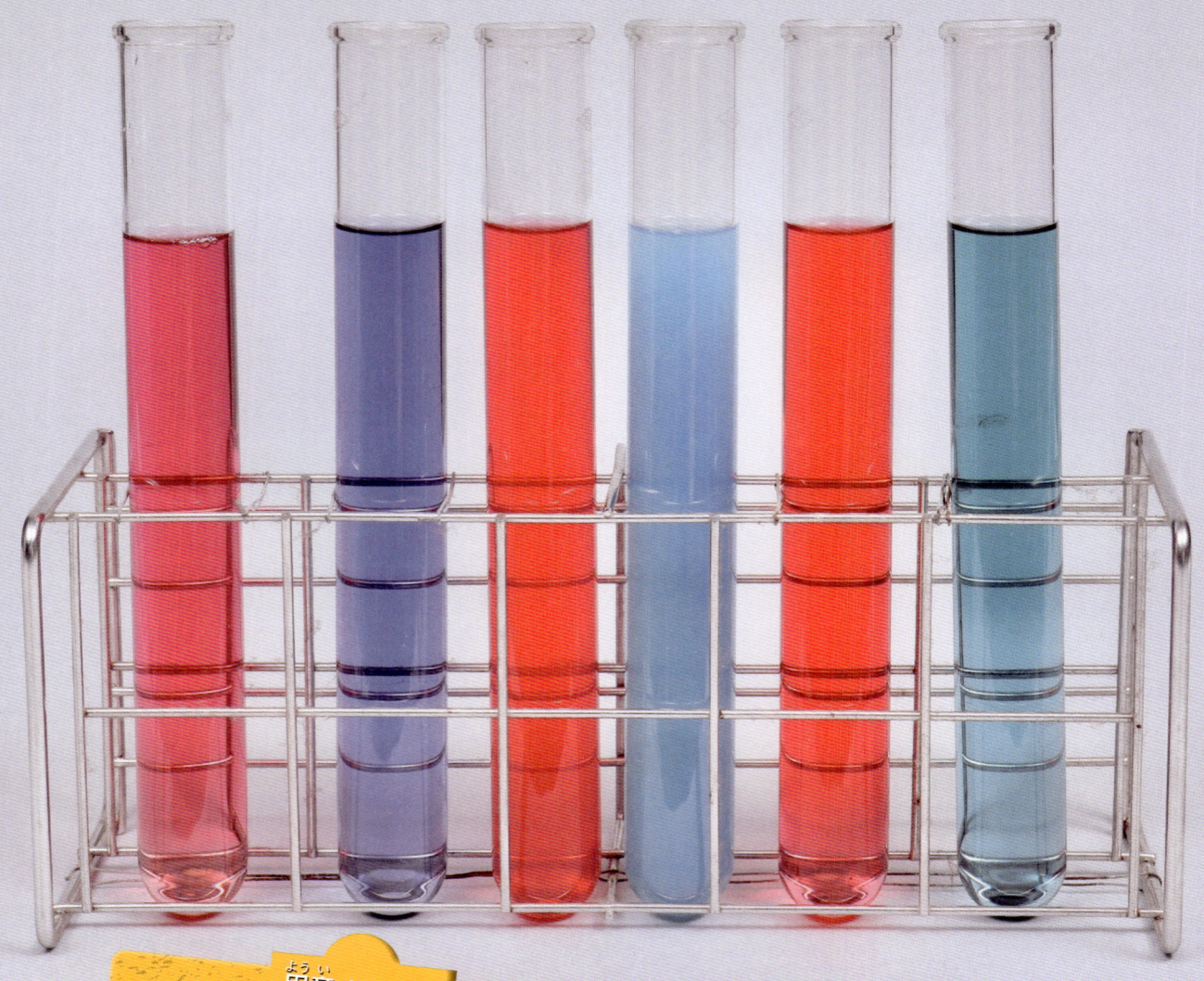

用意するもの

☐ 紫キャベツ
☐ 水
☐ 包丁
☐ まな板
☐ なべ
☐ ざる
☐ ボウル
☐ 小皿
☐ スプーン

【性質をしらべた
いもの】

☐ クエン酸
☐ 重そう
☐ 酢
☐ レモン汁
☐ 石けん
☐ 塩　など

紫キャベツ

1 紫キャベツは3cmくらいにきる。なべに紫キャベツと水をひたひたになるくらいいれ、火にかけて汁がこい紫色になるまでにる。

⚠️ 包丁や火をつかうところは必ず大人といっしょにやりましょう。

2 冷めたらざるでこす。
紫キャベツ液のできあがり。

紫キャベツ液は時間がたつと色があせてくるので、すぐにつかわないときは冷凍しておこう。

3 性質をしらべるものを小皿にとる。液体のものはそのまま、固形のものは水にとかす。

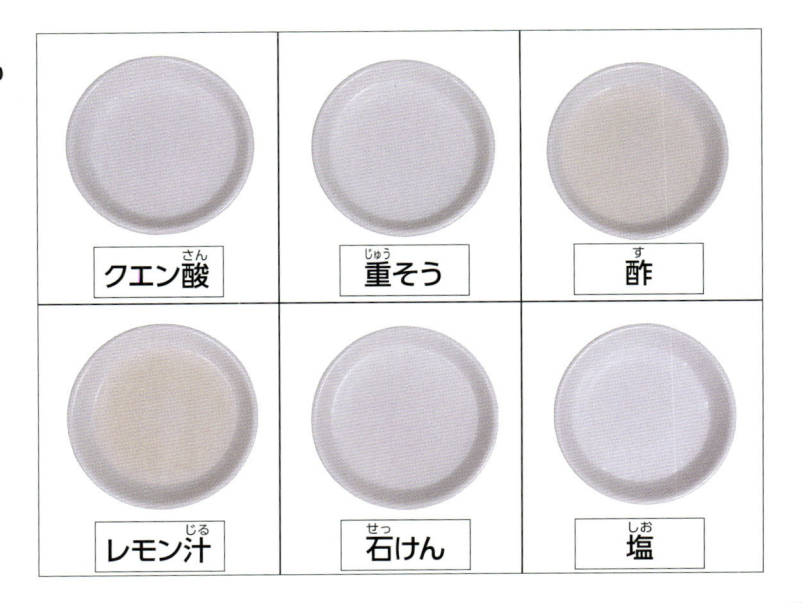

クエン酸	重そう	酢
レモン汁	石けん	塩

4 それぞれの小皿に紫キャベツ液をくわえて色の変化を観察する。

クエン酸	ピンク色になった	酸性
重そう	青色になった	アルカリ性
酢	ピンク色になった	酸性
レモン汁	ピンク色になった	酸性
石けん	青緑色になった	アルカリ性
塩	色はかわらなかった	中性

やってみよう

紫キャベツ液をつかって、もっといろいろなものの性質をしらべてみましょう。

家の庭や校庭、畑などの土を水にとかしてしらべてみましょう。

台所にある食材をしらべてみましょう。

温泉のお湯や雨水はどうだろう?

どうして紫キャベツ液の色がかわるの?

何かの物質を水にとかした液体を「水溶液」といいます。酢やしょうゆなどの調味料や、液体の洗剤なども水溶液です。水溶液はそれぞれ、酸性かアルカリ性、あるいはその中間の中性という性質をもっています。

紫キャベツにふくまれる「アントシアニン」という紫色の色素は、酸性やアルカリ性に反応して色がかわります。理科の授業ではリトマス紙をつかって水溶液の性質をしらべますが、紫キャベツの色素でもしらべることができるのです。

	紫キャベツ液	リトマス紙
酸性 (pH の値が小さい)	赤紫〜赤	青→赤
中性 (pH7 前後)	変化なし	変化なし
アルカリ性 (pH の値が大きい)	青〜緑	赤→青

この、酸性・中性・アルカリ性の性質は、pH(ピーエイチ)という単位であらわすことができます。

pH の値が小さい　　　　　　　　　　　　　　　　　pH の値が大きい

酸性　　　　　　　　　　　　中性　　　　　　　　アルカリ性

レモン　　クエン酸　　酢　　塩　　　重そう　　石けん

植物の色素アントシアニン

アントシアニンは植物がもつ色素です。ブドウやリンゴ、イチゴ、ブルーベリーなどの色はアントシアニンによるものです。アントシアニンは酸やアルカリとむすびつくことで、赤・青・紫などさまざまな色に変化します。染色や食品の着色料などに古くから利用されてきました。

> 紫キャベツの代わりに、ナスやブドウで実験してみてもいいね!

ブルーベリー　　　クワ

アントシアニンをふくむ植物

リンゴ　　　ムラサキイモ　　　赤タマネギ　　　ナス

発見隊

水溶液の酸性・アルカリ性

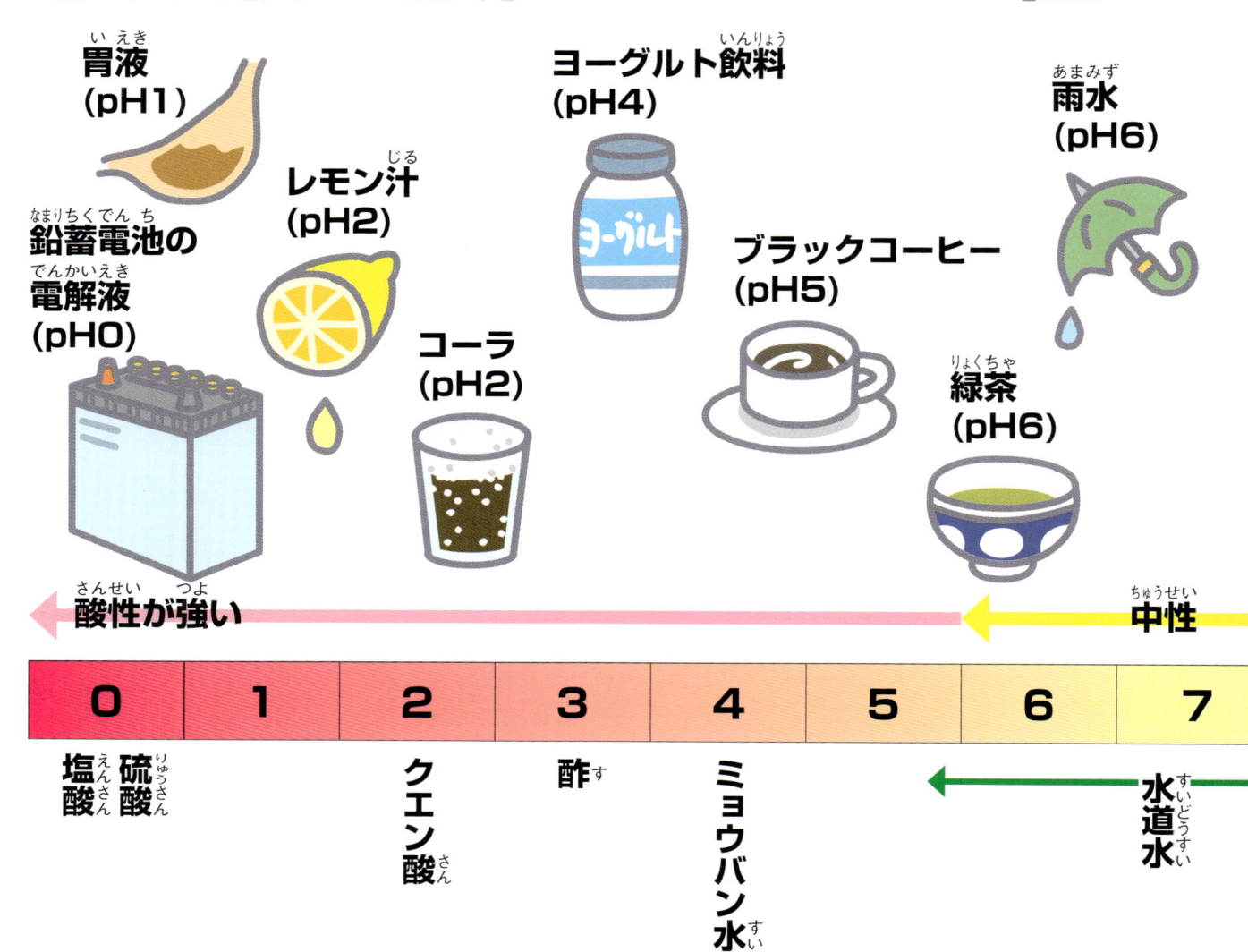

胃液
(pH1)

ヨーグルト飲料
(pH4)

雨水
(pH6)

レモン汁
(pH2)

鉛蓄電池の
電解液
(pH0)

ブラックコーヒー
(pH5)

コーラ
(pH2)

緑茶
(pH6)

← 酸性が強い

中性

0	1	2	3	4	5	6	7
塩酸 硫酸		クエン酸	酢	ミョウバン水			水道水

「酸性雨」ってなんだろう？

雨には空気中の二酸化炭素のほか、工場や車から排出された酸化物のガスがとけこんでいます。これらの酸性の物質を多くふくんだpH5.6以下の雨を「酸性雨」とよびます。酸性雨は植物をからしたり、金属やコンクリートをいためたりと、問題になっています。

酸性雨によってかれた木々。

身のまわりの飲み物や水溶液、薬品などが、酸性なのかアルカリ性なのかわかりますか？ また、それぞれどのくらいの強さなのでしょう。下の表をみてみましょう。

洗剤は、酸性からアルカリ性までいろいろな種類があるよ。

※ｐＨの数値はおおよそのものです。

ミネラルウォーター (pH7)

牛乳 (pH7)

石けん水 (pH10)

海水 (pH8)

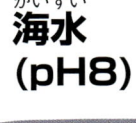

家庭用漂白剤 カビ取り剤 (pH13)

アルカリ乾電池の 電解液 (pH14)

中性 → アルカリ性が強い →

7	8	9	10	11	12	13	14

重曹（9）
炭酸ナトリウム水溶液（11）
アンモニア水（11）
石灰水（12）
水酸化ナトリウム水溶液（14）

梅干しは酸性なのに アルカリ性食品なの？

アルカリ性食品とは、食べ物そのものの酸性、アルカリ性をさしているのではありません。食品が体内にはいったあとに、ナトリウム・カリウム・カルシウム・マグネシウムといったアルカリ性のミネラルがのこるものをアルカリ性食品とよんでいます。

pHで色がかわるもの

植物のもつ色素には、pHによって
色が変化するものがあります。

アジサイ

アジサイのもつ「アントシアニン」という色素は、土の中のアルミニウムとむすびつくと色が青くかわる。そのためアジサイの花の色は、酸性の土に根をはると青くなり、アルカリ性の土では赤くなる。アルミニウムは酸性の土によくとけ、アルカリ性の土にはとけにくいためにおこる。

アントシアニン色素をもたないアジサイもあって、白い花がさく。

赤ジソ

赤ジソの煮汁にレモン汁をいれると、ぱっとあざやかな赤色になる。

ナス

ナスの皮にレモン汁をかけるとピンク色になる。ミョウバン溶液につけると青紫色になる。

マローブルー

色のかわるハーブティー。レモン汁をたらすとピンク色になる。

湖や池の pH

日本の多くの湖はpH 6〜8の中性です。しかし火山のそばなどには、酸性の強い湖もあります。一方で、強いアルカリ性の湖は日本にはありません。

猪苗代湖

日本で4番目に大きな湖の猪苗代湖は、水の透明度が高いことでも有名だが、そこにすむ生き物の数は多くない。これは湖の水が酸性をしめすから。

酸川〜長瀬川から酸性の成分が猪苗代湖にながれこむ。

草津白根山の湯釜

火山活動でできた湖。ミルキーグリーンの湖水は、火山ガスがとけこみ、pH1 前後と、世界でも屈指の酸度だ。

温泉のpHはどのくらい？

日本の温泉の多くは中性から弱アルカリ性です。温泉はとけている成分によって pH がかわり、それによって効能がちがうといわれています。

重そうのはたらき

重そうは掃除や料理などいろいろな場面で活躍している物質です。重そうとは一体どんなものなのでしょうか?

重そうとは

重そうとは炭酸水素ナトリウムのことで、重炭酸ソーダやベーキングソーダともよばれます。弱いアルカリ性の物質で、口にいれてもそれほど害のないものなので、昔から胃薬や料理、掃除など幅広くつかわれています。

170 ページの紫キャベツの色水実験では、重そうで紫キャベツ液が青く変化したよね!

フライパンの油よごれをおとすのには重そうをふりかけてつかう。

くもってしまった台所のシンクやお風呂のじゃ口は、水にとかした重そうをふきつけてしばらくおくとピカピカになる。

重そう+油=石けん!?

重そうをつかうと、油よごれを簡単におとすことができます。
弱アルカリ性の重そうを油にまぜると、別の物質に変化します。その別の物質とは、何と「石けん」です。売られている石けんは、油とアルカリ性の水酸化ナトリウムを反応させてつくっています。同じように、フライパンなどの油よごれに重そうをふりかけると、ごくわずかですが石けんができるのです。石けんがよごれをおとすしくみは、49 ページで紹介した洗剤と同じです。

料理でも大活躍

重そうは「ふくらし粉」として、どら焼きやカステラ、カルメ焼きなどをふくらませるためにつかわれます。
重そうは熱をくわえると炭酸ガスを発生させる性質があり、生地に重そうをまぜてやくと、炭酸ガスが生地をふくらませてふかふかにやきあがるのです。
しかし、重そうをつかうと生地の色がこくなり、独特のにおいや苦味がうまれます。それを改良したのが、重そうに酸性の物質をくわえた「ベーキングパウダー」です。

※重そうを大量に摂取するのはさけましょう。

光の ふしぎ

光はいつもまっすぐに
すすむわけではありません。
光がまがったり、はねかえったりすると、
ふしぎな現象がおこります。
実験で体験してみましょう。

実験室

真水と塩水の屈折

真水と塩水をいれた水そうをとおしてみると、顔がおもしろくゆがんでみえます。

用意するもの

- ☐ 水そう（四角いアクリルケースなど）
- ☐ バケツ
- ☐ 計量カップ
- ☐ 塩
- ☐ 水
- ☐ ストロー（太いもの）
- ☐ じょうご
- ☐ 目玉クリップ
- ☐ はさみ

作り方

1 バケツなどをつかって、水そうの容量の半分の水に塩をとかして、こい塩水をつくる。

2 ストローの先を斜めにきり、反対側にじょうごをはめる。

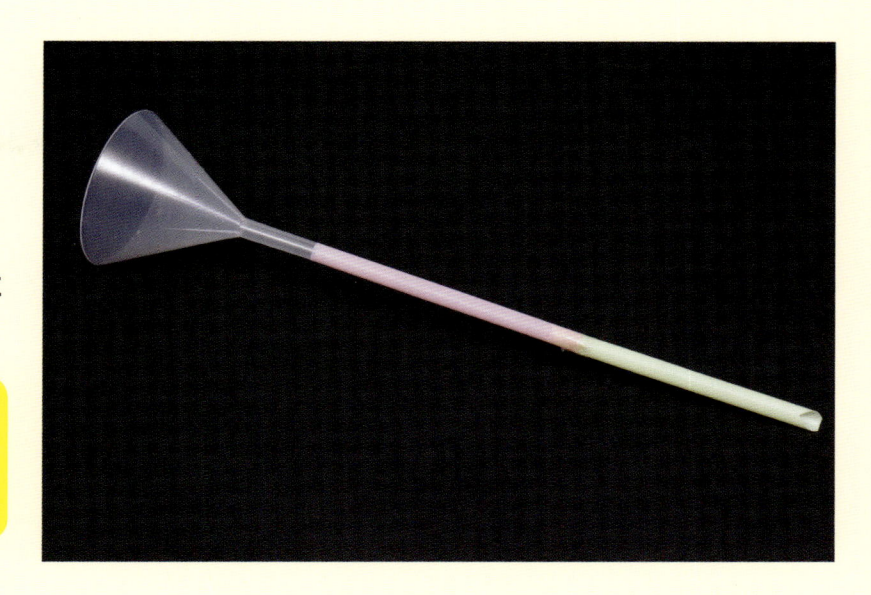

ストローの長さは水そうの深さにあわせて、たりない場合はセロハンテープでつなごう。

3 水そうの半分くらいまで真水をいれ、2のストローを底までさしこむ。じょうごから塩水をそそぎいれ、水そうをいっぱいにする。

塩水と真水がまざらないように。そーっとそそごう。

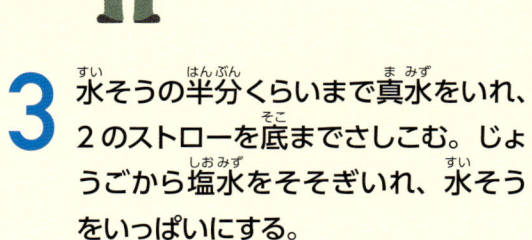

塩水は真水より重いから、そっといれれば真水とまざらずに層をつくることができるんだ！

このとき、目玉クリップでストローと水そうのふちをはさんで固定すると作業がしやすい。

遊び方

水そうの後ろにおいたものを反対側からみると、真水と塩水の境目で像がゆがんでみえる。

時計の文字がゆがんでみえる！

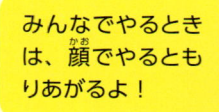

みんなでやるときは、顔でやるともりあがるよ！

おもしろい顔になるね！

水そうのむこうがゆがんでみえるのはなぜでしょうか？

わたしたちは、ものにあたってはねかえった光が目にはいることでものをみています。光はふつうまっすぐにすすみますが、空気から水、水からガラスのように、ちがうものとの境目ではまがってすすみます。これを「屈折」といいます。真水と塩水のようにちがう液体の境目でも光は屈折します。

真水と塩水の境目を通過した光はまがって目にとどきます。その結果、水そうの後ろのものがゆがんでみえたというわけです。

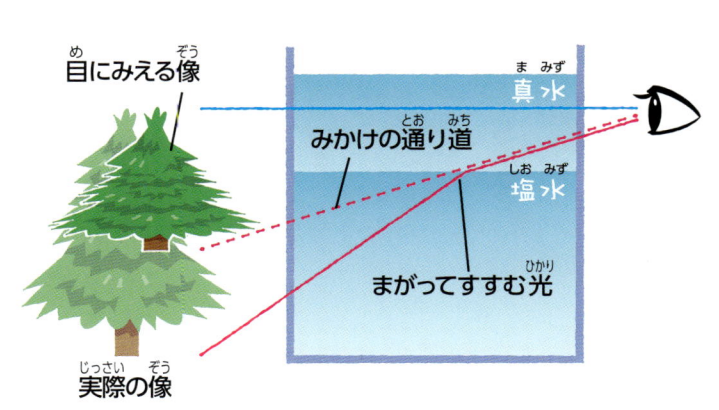

目にみえる像
真水
みかけの通り道
塩水
まがってすすむ光
実際の像

水をいれたコップにストローをさすと、水の中と外でストローがずれてみえるね。これも光の屈折のしわざなんだ！

そうなんだ！

塩水のもやもやの正体は？

実験で、水そうに塩水をそそぐとき、水中にもやもやがみえます。

これも、塩水と真水の境目で光が屈折するためにおこる現象で、「シュリーレン現象」とよばれています。

同じようなもやもやは、アルコールランプの炎や、熱いランプのまわりの空気などにもみられます。これらは空気の温度のちがいで光が屈折することでおこります。

もやもやの名前をしって、気持ちのもやもやがスッキリしたね！

発見隊

光の自然現象をみつけよう

空気や水と光によってうまれる、さまざまな
ふしぎな現象があります。なかにはめったに
みられないものもあります。

水玉のレンズ

丸い水滴が凸レンズになる。水滴の中に
景色がさかさまにうつってみえる。

水鏡

波のないしずかな水面は、はねかえる光の方向
がきれいにそろうので、鏡のようにものがうつっ
てみえる。

虹

雨あがりに日がさしたときなど、空中に色の帯
がみられる。空気中の水滴に太陽の光があたり、
屈折、反射することで、光が分解される。

日がさ

太陽にうすい雲がかかったときにできる光
の輪。光が雲をとおるときに、氷の結晶に
よって光が屈折してあらわれる。

しんきろう

遠くの景色が、のびたり、ういたりしてみえる現象。つめたい空気とあたたかい空気の層によって、光が屈折するためにおきる。

だるま夕日

しんきろうの一種で、冬によくみられる。下側に太陽の形がうつり、つながってみえる。

にげ水

しんきろうの一種。夏によくみられる。道路がぬれているようにみえ、近づくと遠ざかる。

かげろう

日ざしが強く、風のない日などに、温度のちがう空気がまざり、もやもやとゆらめいてみえる。

太陽柱

朝日や夕日が、空気中の氷のつぶにあたって、光の柱がたったようにみえる。

ブロッケン現象

山の上などで、後ろから太陽の光がさしたとき、雲や霧に光の輪をともなった影がうつる。

鏡やレンズを利用したもの

鏡やレンズは、みえない角度にあるものや、小さいもの、みえにくいものをみやすくするためにつかわれるほか、光学機器や装飾、遊具などにも利用されています。

カーブミラー

交差点やカーブなど、見通しのわるい場所に、事故をふせぐためにたてられる。

バックミラー

車を運転するとき、みえない後方の確認をするために運転席上部についている。

歯鏡

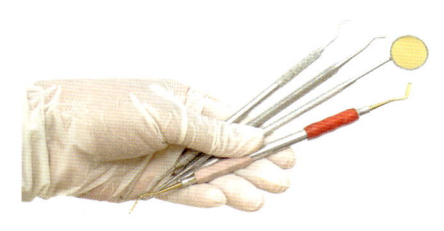

歯のうら側などをみるための、柄のついた小さな鏡。歯医者さんの必需品。

ミラーボール

ディスコやカラオケルームなどにある、たくさんの小さな鏡がついたボール。光をあてて回転させると、部屋中に光が散乱する。

万華鏡

筒の中に複数枚の鏡をたてて、そこにうつるビーズなどがつくりだす模様をたのしむおもちゃ。ビーズがうごくことで、模様はさまざまに変化する。

めがね

目にあてて、レンズによって視力を調節する道具。近視、遠視、乱視用などがある。目にはいる光を弱くするサングラスもある。

コンタクトレンズ

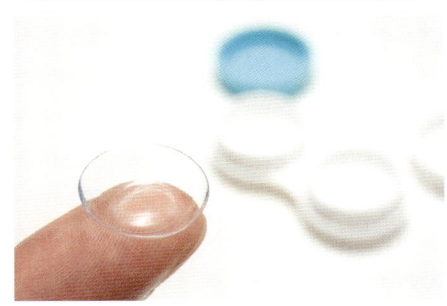

目に直接つけて視力を調節するレンズ。プラスチック製のものが主流。

カメラ

レンズをとおしてはいってくる像（光のようす）を撮影する装置。撮影された画像を「写真」という。

望遠鏡

遠くにあるものを観察できる装置。複数のレンズをくみあわせている。鏡をつかうものもある。天体観測用につくられたものは「天体望遠鏡」とよばれる。

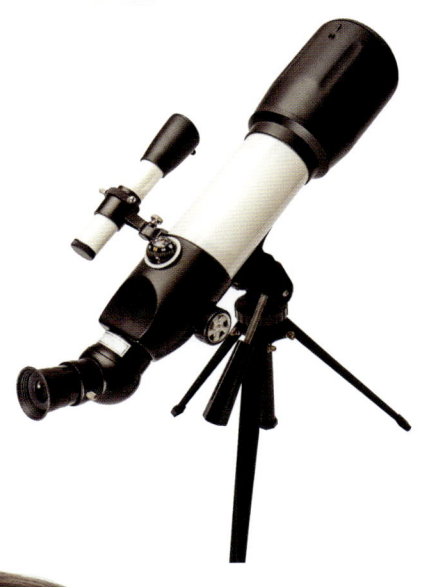

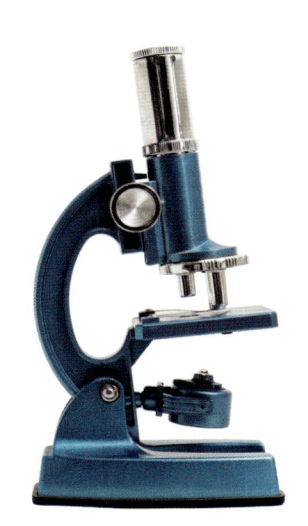

双眼鏡

望遠鏡の一種。遠くのものを、両目をつかって立体的にみることができる。もちはこべる小型のものや、大型の展望台用のものもある。

顕微鏡

複数のレンズをつかい、肉眼では見えないような、とても小さなものを拡大して観察できる装置。

虫めがね

凸レンズをつかい、小さなものを大きく拡大してみるための道具。

月までの距離のはかり方

地球と月の間の距離は、約38万kmです。一体どうやってはかったのでしょうか?

一般に、月や惑星などの距離は、天体の位置やうごきを正確に測定し、計算によってもとめることができます。しかし、月の場合は「レーザー測距」という方法がつかわれます。

1969年、アメリカの宇宙船アポロ11号が月に着陸し、世界で初めて人が月におりたちました。そのとき、光を正確に反射させることができる精密な反射器を、月においてきたのです。

地球の望遠鏡から、月にある反射器をねらってレーザー光を発射し、反射してもどってくる時間から、正確な距離を計算することができます。

写真提供：NASA

中央にみえるのが、アポロ11号がおいてきた反射器。その後も同じような反射器がいくつか設置されている。

月までの距離は一定ではない

38万kmという月までの距離は平均の値で、実は地球と月の距離は一定ではありません。月が地球をまわる軌道は、まん丸ではなくだ円形なのです。そのため、最も遠いときでは約40万6000km、最も近いときでは約35万6000kmになります。

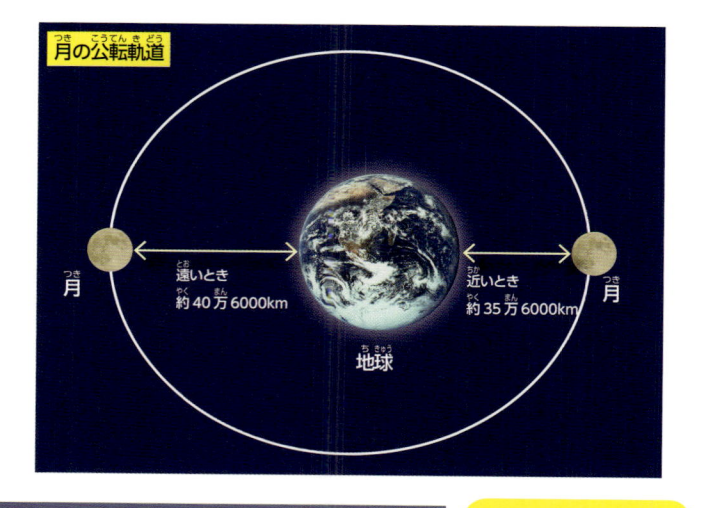

月の公転軌道

月　遠いとき　約40万6000km　地球　近いとき　約35万6000km　月

満月の大きさくらべ

月が最も地球に近づいたときと、遠ざかったときでは、月の見た目の大きさがかわります。満月の大きさでくらべると、最も大きな満月は、最も小さな満月にくらべて見た目の直径が14%大きく、30%明るく見えます。

近いとき　　遠いとき

レーザー測距は、地図づくりでもつかわれているよ。

音<ruby>おと<rt></rt></ruby>の ふしぎ

わたしたちは音<ruby>おと<rt></rt></ruby>をどのように
きいているのでしょうか。
世<ruby>よ<rt></rt></ruby>の中<ruby>なか<rt></rt></ruby>にはどんな音<ruby>おと<rt></rt></ruby>があるのでしょうか?
音<ruby>おと<rt></rt></ruby>についてしらべてみましょう。

実験室

目でみる音

目にみえない音が、
塩のつぶをうごかして
ふしぎな模様を
えがきます。

あー

用意するもの

- ☐ ステンレスのボウル
- ☐ 黒いビニール
  （園芸用のマルチング
  シートなど）
- ☐ ビニールテープ
- ☐ 食卓塩
- ☐ 画びょう
- ☐ 静電気防止スプレー
  （あれば）

1 ステンレスのボウルに黒いビニールをかぶせ、たるまないようにぴんとはってビニールテープでとめていく。むかいあわせにひっぱって、順にとめていくとよい。

2 最後にふちにテープをぐるりとはってとめる。

3 はしに1か所、画びょうで穴をあける。静電気防止スプレーを、まく全体にふきかけてかわかす。

穴をあけるのは、ボウルの中の空気が膨張したりちぢんだりするのをふせいで、まくを平らにたもつためだよ。

191

遊び方

黒いまくの上に食卓塩をまんべんなくふって、
まくにむかって大きな声をだす。

あー！

すごい！

**声をあてると、塩が
うごいて模様になった！**

やってみよう

音の高さによって、ちがっ
た模様があらわれます。
低い声や高い声、「あー」
以外の音など、いろいろ
ためしてみましょう。

どうして声で模様ができるのでしょうか?

　黒いまくにあらわれた模様は、音の振動の模様です。声でまくを振動させて、塩をうごかしたのです。

　まくには振動するところとしないところがあって、振動していないところに塩があつまって模様ができます。声の高さによってまくのふるえ方がかわるので、いろいろな模様をつくることができます。

音のつたわり方

　人の声や音は、「振動」によってつたわります。たいこをたたいてまくをさわると、まくがぶるぶるするのが手にかんじられますね。このような振動は、空気もふるわせます。空気をつたわった振動が、今度はわたしたちの耳の中にある「鼓膜」といううすいまくにつたわります。鼓膜が振動をかんじることで、わたしたちは声や音をきいているのです。

音をつたえるためには、空気や水などの振動するものが必要だよ。宇宙空間では振動をつたえるものがないから、音はつたわらないんだ。

音の速さ

　雷がピカッとひかってから、しばらくしてドーンとおちる音がきこえることがありますね。なぜ光と音がずれてとどくのでしょうか。

　音は、空気中を1秒間に約340mすすみます。一方、光は1秒間に約30万kmもすすむことができます。

　雷がおちると、音と光はほぼ同時にでます。光は何十キロもはなれた場所でも一瞬でとどきますが、音は光にくらべてゆっくりすすむので、おくれてきこえるのです。

　雷がひかってから音がきこえるまで何秒かかったかをかぞえると、その雷がどのくらいはなれているかわかります。

雷までの距離（m）＝ひかってから音がきこえるまでの秒数（秒）× 340

発見隊

情報をつたえる音

音は、大切な情報をつたえる方法のひとつです。どのような形でつたえられているのでしょう。

防災無線スピーカー

住民に大切なことを連絡するために、各地域に音がとどくように設置されている。

校内放送

学校内の生徒や先生に緊急の連絡をしたり、お昼の時間に放送をながしたりする。

拡声器

さわがしい場所や、多くの人々にはなす必要があるとき、マイクで声を大きくしてつたえられる。

自転車のベル

見通しのきかないまがり角や交差点などで、自分の自転車が近づいていることをベルをならしてしらせ、注意をうながす。

メガホン

声が横にひろがらないため、より遠くまで声をとどけることができる。

補聴器

耳のきこえにくい人がつける、音が大きくきこえるように調整できる器具。

音をつかう・たのしむ

わたしたちにとって、音楽は大きな楽しみのひとつです。また、遊びや学習にも音をつかったものがたくさんあります。

楽器

音楽をかなでるための道具。たたいたり、ふいたり、こすったりなど、演奏方法はさまざま。

ししおどし

鹿などをおいはらう、むかしのしくみ。きった竹に水をながして音をだす。

糸電話

糸と紙コップなどでつくるおもちゃ。糸の振動で音がつたわる。

ヘッドホン

自分だけに音がきこえる装置。集中してききたいときや、音をだすとまわりの人の迷惑になるときなどにつかう。

イヤーマフ

大きな音がする場所で、きこえる音を小さくし、耳をまもるためにつかわれる。

秋の虫の音をたのしむ日本人

虫の音は、虫の鳴き声ではなく、虫が羽をこすってだす音です。欧米では雑音とされますが、日本では昔から、秋の虫の音をたのしむ風習があります。

はねをこすりあわせてなくスズムシ。

超音波をつかう道具

人間の耳にはきこえない高い周波数の音を超音波といいます。超音波はさまざまな分野で利用されています。

超音波検査

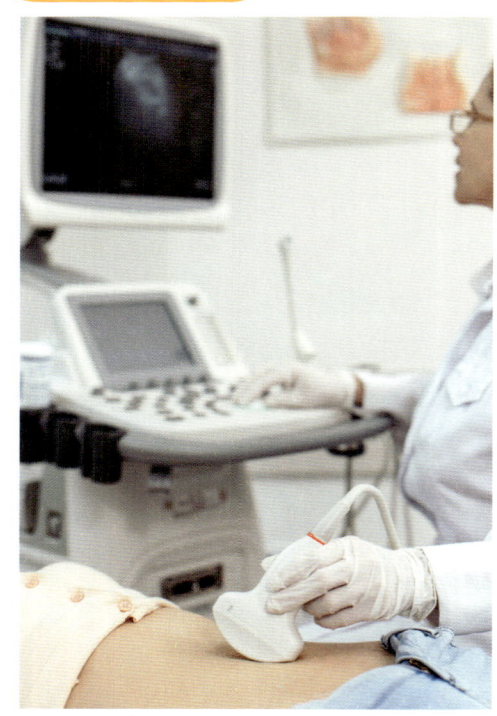

体に超音波をあて、その反響を映像化して検査する。おなかの中にいる赤ちゃんのようすをみることができる。

非破壊検査

金属材料や部品などに超音波をあてることで、内部にきずなどがないかをしらべられる。

超音波洗浄機

超音波の振動をつかって、ガラスなどについたよごれをおとす器具。

超音波加湿器

超音波の振動で水を霧状にしてだし、部屋の空気を加湿する。

魚群探知機

水中の魚をさがす装置。超音波の反射によって、魚の存在や量などが、視覚的にわかる。

音のちがい

音は「音の大きさ」「音の高さ」「音色」の3つできまります。
それぞれどのような特徴があるのかみていきましょう。

音の大きさ

単位	**デシベル (dB)** 音の大きさの単位。数字が大きくなるほど大きな音になる。

いろいろな音の大きさをくらべてみましょう。

0 dB	10 dB	20 dB	30 dB	40 dB	50 dB	60 dB	70 dB	80 dB	90 dB	100 dB	110 dB	120 dB	130 dB

きこえる限界

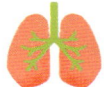       

呼吸の音　ささやき声　小雨の音　普通の会話　セミの鳴き声　犬の鳴き声　パトカーのサイレン　飛行機のエンジン音

音の高さ

人間にきこえるのは、20Hzから2万Hzくらいの音です。動物の中には人間にきこえない音をきくことができるものもいます。

単位	**ヘルツ (Hz)** 周波数をあらわす単位。1Hzは1秒間に1回振動するという意味。音の高さは周波数によってかわる。電磁波（→ 218）も同じヘルツであらわされる。

動物たちがきくことのできる音の範囲

低い　　　　　　　　　　　　　　　　　　　　　　　　　　　　　高い

0Hz	1万Hz	2万Hz	3万Hz	4万Hz	5万Hz	6万Hz	7万Hz	8万Hz	9万Hz	10万Hz

20 ～ 2万Hz 人間

16 ～ 1万2000Hz  ゾウ

15 ～ 5万Hz  イヌ

150 ～ 10万Hz イルカ

音色

バイオリンとフルートではまったくちがう音がでます。そのちがいを音色といいます。音は、1種類の振動だけでなりたっていることはまれで、たくさんのことなる振動がふくまれています。それが音色のちがいをうむのです。

音をつかう動物

動物の中には、人間にきこえない音をつかってまわりの様子をたしかめたり、なかまとコミュニケーションをとるものがいます。

コウモリのなかま

コウモリのなかまは、昼間は洞窟などですごし、夜になると外にでてえものをつかまえます。人間がききとれない振動数2万Hz以上の高い音を超音波といいますが、コウモリは3万〜12万Hzの超音波をだして、はねかえってくる音を耳できき、障害物をよけたり、とんでいる虫をつかまえたりします。

コウモリのなかまは暗やみで目のかわりに音でものの位置をたしかめているのです。このように音の反響で周囲の様子をしることを、「エコーロケーション」といいます。

イルカ

イルカもエコーロケーションの能力をもつ動物です。額にあるメロンという器官から超音波を発射し、はねかえってきた音をあごの奥にある内耳でうけとって、なかまと会話したり、えものの魚をみつけたりします。音は水中では空気中の4倍以上の速度でつたわるため、イルカは光がとどきにくい深い海でも魚をおいかけることができるのです。

ゾウ

ゾウは、「パオーン」などの高い声以外に、人間にきこえない低周波の声をだすことができます。低周波音は高い音にくらべて遠くまでとどきます。ゾウは低周波音をつかうことで、数キロ先のなかまと会話することができます。

低周波音をつかったコミュニケーションは、クジラでもしられています。

動物たちはすごい能力をもっているね！

温度の
ふしぎ

冷蔵庫やお風呂、室温など、
わたしたちはいつもいろいろな温度を
気にしながら生活しています。
温度について
しらべてみましょう。

実験室

あっという間にシャーベット

氷と塩の力で、みるみるうちにシャーベットができあがります。

用意するもの

- ☐ 氷　1kg くらい
- ☐ 塩　500g
- ☐ 水
- ☐ ジュース
- ☐ ステンレスのボウル
- ☐ ボウル（大）
- ☐ スプーン
- ☐ へら
- ☐ 温度計

200

1 ボウル（大）に氷をいれ、塩をくわえてへらでまぜる。

温度計で塩をまぜる前と後の氷の温度をはかってみましょう。

塩をまぜると氷の温度はぐっとさがるんだ。これを利用して、シャーベットをつくるよ！

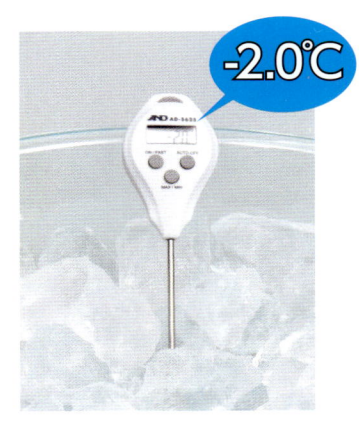

-2.0℃   -17.8℃

氷だけ   氷と塩

2 1のボウルに氷がひたひたになるくらい水をいれる。ステンレスのボウルにジュースを50mLくらいいれ、底を氷にうずめる。

3 ボウルの中のジュースをスプーンでかきまぜる。

ステンレスのボウルは熱をつたえやすいから、氷の冷たさがすぐにジュースにつたわるよ。

かきまぜつづけると、だんだんかたまってくる。

ボウルにあたっているところのジュースがこおりはじめる。
（ジュースがこおらないときは、ジュースの量をへらしてみましょう。）

おいしそう!

やってみよう

あつい日に缶ジュースを急いでひやしたい！っておもうことがありますね。そんなときは、冷凍庫にいれるよりも、塩をまぜた氷の中で缶をころがすと、あっという間にひえひえになります。

炭酸飲料は、あけたときにふきだすことがあるから注意しよう。

解説

どうして塩と氷でシャーベットができるのでしょうか?

家庭の冷凍庫でつくった氷でひやすだけでは、ジュースをこおる温度にまでさげるのはむずかしいものです。そこでつかうのが「塩」。

氷に塩をまぜると氷がとけます。氷はとけるときにまわりから熱をうばうので、とけてできた水はどんどん冷たくなります。さらに、氷がとけてできた水には塩がとけています。こい塩水は−20℃になってもこおりません。このとても冷たくなった塩水でジュースをひやすことで、シャーベットができたのです。

この方法をしっていると、キャンプなど冷凍庫のない場面でもシャーベットができるから便利だね!

温度の単位

温度をあらわす単位「度(℃)」は、正式には「セルシウス度(セ氏)」といいます。スウェーデンの天文学者アンデルス・セルシウスが1742年に提案したことから、こうよばれています。水が氷になる温度(凝固点)を0、水が沸騰する温度(沸点)を100としてその間を100等分してつくられました。

アンデルス・セルシウス
(1701〜1744年)

◀ 100℃ 沸点

沸騰

◀ 0℃ 凝固点

セ氏と力氏

温度をあらわす単位には、セ氏のほかにアメリカなど一部の国でつかわれている「ファーレンハイト度(カ氏)」があります。1724年にドイツの物理学者ガブリエル・ファーレンハイトが考案したもので、ファーレンハイトの中国語表記「華倫海特」の最初の文字の「華」の読みから「カ氏」となりました。°Fの記号であらわします

左の目盛りがセ氏温度、右の目盛りが力氏温度。

氷

発見隊

物の温度

身のまわりにある物の温度は何度くらいでしょうか。また、物の状態が変化するときの温度をしらべてみましょう。

水は0℃で氷になり、まわりの温度と同じ温度までさがる。たとえば冷凍庫内が－20℃なら－20℃になる。外にだし、表面が0℃になるととけはじめる。

ドライアイス

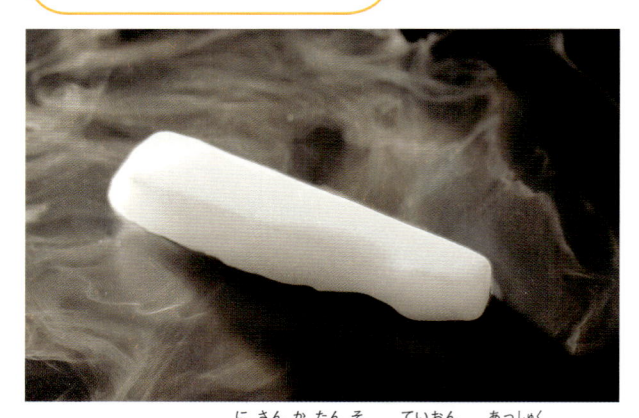

ドライアイスは二酸化炭素を低温で圧縮して、固体にしたもの。温度は－78.5℃以下と冷たいので、保冷剤としてよくつかわれる。－78.5℃以上になるととけるが、液体にはならず、直接気体にもどる。

冷蔵庫

家庭用冷蔵庫の冷蔵室の温度は約2～6℃。冷凍室の温度は、およそ－18～－20℃。

揚げ油

揚げるときの温度は150～200℃の範囲になる。料理によっててきした温度がちがい、天ぷらやトンカツなどは170～180℃。360℃になると自然発火するので、加熱するときは注意が必要だ。

ゆで卵

卵黄と卵白で、かたまる温度がちがい、卵黄は約70℃、卵白は約60℃。かためのゆでたまごは、80℃くらいのお湯で12分ほどゆでてつくる。半熟なら6分ほど。

温泉のお湯や湯気をつかい、65℃くらいで卵をじっくりあたためた「温泉卵」は、半熟の卵黄と、とろとろの卵白になる。

ガラス

ガラスの種類によってとける温度がちがい、低いもので600℃、高いもので1700℃くらいでやわらかくなる。ガラスをとかす炉の温度は、1400℃以上にもなる。

鉄

鉄をねっするとやわらかくなるが、さらに1538℃以上の高温にすると、とけて液体になる。

星

月の赤道付近では、昼は約110℃、夜は約－170℃と温度差が大きい。

太陽の表面温度は、約6000℃。中心部の温度は約1500万℃。

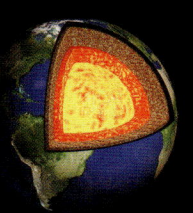

地球の中心にある内核は固体だが、約6000℃もの高温だ。

温度をはかる道具

中に液体のはいったガラス製のアナログ温度計や、中に温度センサーなどをもつデジタル温度計があります。

ガラス温度計

ガラス管の中にいれた液体ののびちぢみで気温をはかる。セ氏とカ氏の単位がかかれていることが多いが、日本ではセ氏（℃）をよくつかう。

棒温度計

観察や検査などで、さまざまな温度をはかるときにつかう。−100〜200℃をはかれるものもある。

体温計

体温をはかる専用の温度計。計測中の最高体温をあらわす。わきの下、口の中、耳のあななどではかる。

百葉箱

気象観測のために、各地におかれている。中に温度計や湿度計がはいっている。

サーモグラフィ

ものからでる赤外線を分析して温度測定をおこない、色分けした映像としてあらわせる装置。これは車のエンジン部分をみているところ。

熱のつたわり方

ものがあたたまるときの熱のつたわり方には、「伝導」「対流」「放射」の3つの種類があります。身近な例でみていきましょう。

伝導

温度の高いところから、低いところへ熱が移動してつたわる。固体は伝導によって熱をつたえやすい。

熱いお茶の熱がつたわり、湯のみが熱くなる。

やかんの金属があたたまり、その熱が中の水や取っ手につたわって熱くなる。

対流

液体や気体の場合、温度の高い部分が上に移動し、温度の低い部分が下に移動する。このような流れがくりかえされ、全体に均一な温度になっていく。

エアコンは暖かい空気や冷たい空気をだして対流させることで、部屋全体の温度を調節する。

お風呂をわかすと初めは上からあたたまり、対流によって全体の温度が均一になる。

放射

ものがだす赤外線が、直接ものをあたためる。黒っぽいものは放射の熱を吸収しやすいのであたたまりやすく、白っぽいものは放射の熱を反射するのであたたまりにくい。太陽やたき火、ストーブなどにあたるとあたたかくかんじるのは、放射の熱が体につたわるから。

金属は熱をつたえやすく、空気は熱をつたえにくいよ。ものには、熱をつたえやすいものと、つたえにくいものがあるんだ。

超低温の世界

わたしたちがふだんくらしている温度はだいたい－10〜35℃。それよりずっと低い－200℃ではどんなことがおこるのでしょうか。

これが液体窒素だよ。さっそく実験スタート！

液体窒素

　液体窒素とは、窒素がひやされて液体になったものです。窒素は空気に78％ふくまれている元素で、液体になる温度は－196℃です。つまり、－196℃の液体窒素を温めるとぶくぶく沸騰して気体の窒素になるのです。

　液体窒素にいろいろなものをいれるとどうなるか、しらべてみました。

液体窒素につけると…

風船

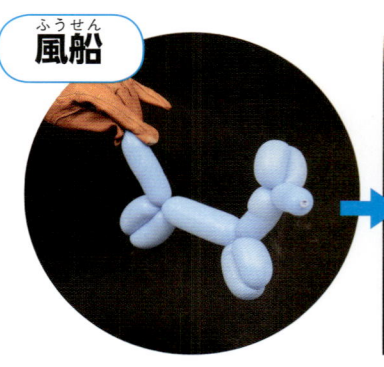  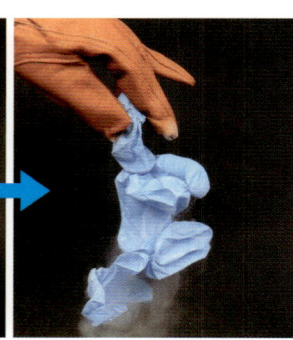

中の空気がひやされて体積が小さくなり、くしゃくしゃにしぼむ。中の空気は液体窒素でひやされて液体になる。

ビニールボール

やわらかかったビニールはかたいプラスチックのようになるが、中の空気は収縮しているため、たたきつけると大きな音をたてて粉々にわれる。

バラ

あっという間に花の水分がこおり、バラバラにくだける。

虹の
ふしぎ

雨あがりの空にあらわれる虹は
とてもきれいですね。
7色の虹色は、空の虹だけでなく、
生き物や人工のものにもみられます。
虹色ができるしくみを
しらべてみましょう。

実験室

虹をつくる

身近な道具をつかって虹をつくり、虹のできるしくみを体験しましょう。

ペットボトルでつくる虹

1 アルミはくを懐中電灯の先よりもひとまわり大きくきり、中心にセロハンテープをはる。セロハンテープの上から、カッターナイフで切れ目をいれる。

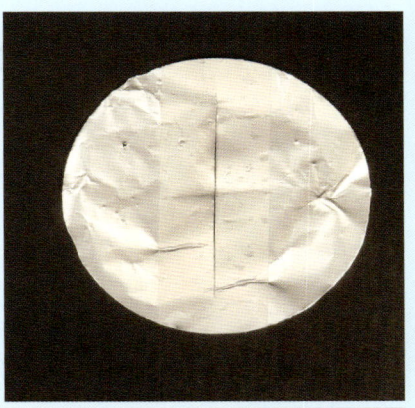

2 1を懐中電灯にかぶせてセロハンテープでとめる。

3 ペットボトルに水をいっぱいにいれ、白いかべなどの近くにおく。懐中電灯でペットボトルの横から光をあてると、かべに虹ができる。

ペットボトルのどこに光をあてると虹ができるかさがしてみよう。

CDでつくる虹

部屋をくらくして、CDの裏側に懐中電灯の光をあてる。反射した光がかべや天井にあたると虹ができる。

空にかかる虹よりも、色がこいね。

鏡でつくる虹

洗面器に水をはり、その中に鏡をたてかける。かべなどの近くに洗面器をおき、太陽や電灯の光を鏡ではねかえしてかべにあてると虹ができる。

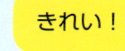

鏡にあたった光が水をとおしてかべにあたるように、鏡の角度を調節しよう。

きれい！

どうして虹ができたのでしょうか?

雨上がりの空にできる虹は、太陽の光が空気中の水滴に屈折・反射してできます。180ページの「光のふしぎ」の実験でみたように、光はちがうものの境目でまがってすすみます。これを屈折といいます。虹の場合、光が空気から水滴にはいるときに屈折し、水滴の中で反射して、水滴からでるときにまた屈折します。

太陽の光は色がないようにみえますが、実はいろいろな色がまざっています。色によって屈折するときの角度がちがうので、色がわかれてみえるのです。

懐中電灯の光も太陽の光と同じように、さまざまな色がまざりあっています。実験では、水をいれたペットボトルや水の中の鏡が、空気中の水滴のかわりになって、光を屈折・反射させて虹をつくったのです。

太陽の光　　雨粒

雨粒の中で光が屈折・反射して色がわかれる。

一方、CD でつくる虹は、これとはちがうしくみでできています。CD の裏側には、情報を記録するための目にみえない凹凸があります。この凹凸に光があたると色がわかれます。その結果、虹ができたのです。

二重の虹

空にかかった虹をみていると、明るい虹の外側にもう1つ暗い虹がみえることがあります。明るいほうの虹を「主虹」、暗いほうを「副虹」といいます。

右下の図のように、太陽の光が空気中の水滴で反射・屈折するとき、主に二通りのパターンがあります。その結果、みている人の目にとどく光の角度がかわるので、2つの虹ができるのです。

副虹をよくみると、主虹とは色の並びが逆になっているのがわかります。

副虹 ⇨　　　⇦ 主虹

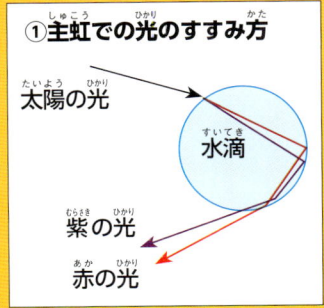

①主虹での光のすすみ方

太陽の光　水滴

紫の光

赤の光

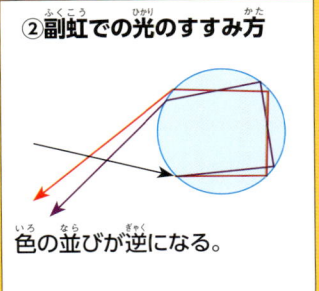

②副虹での光のすすみ方

色の並びが逆になる。

発見隊

自然の中の虹色

太陽の光がわかれて、複数の色の帯になったものを虹といいます。空にアーチ状にかかる虹のほかにも、どんな虹があるでしょうか。

環水平アーク

晴れた日中、太陽の下方にあらわれる、水平、もしくは少しそりかえった帯の形をしたさかさの虹。ふつうの虹とはちがい、太陽と同じ方角にみえる。

滝の虹

滝のそばは細かい水滴が空中をまっているので、虹がみられることが多い。

虹

虹は、空気中にたくさんの水滴があるとき、太陽を背にした方角にあらわれる。

彩雲

まるで虹色のインクをこぼしたような、カラフルな雲がみられることがある。

彩氷

きれいな水がこおり、表面が虹色にかがやくことがある。

生き物がもつ虹色

虹色にみえる、きれいな体をもつ生き物もいます。

チョウトンボ

チョウのようにまうトンボのなかまで、青緑の羽には金属のような光沢があって、虹色にかがやく。

タマムシ

緑色の体は金属のようにかがやき、みる角度によって色がかわり、虹色にみえる。

クジャク

クジャクの羽を拡大したところ。

春から夏、オスは色あざやかな羽をひろげて、メスの気をひこうとする。

ニジイロクワガタ

ニューギニアやオーストラリアに生息する、全身が虹色にひかるクワガタムシ。日本でも飼育されている。

アワビ

貝がらのうら側には、虹色にかがやくうつくしい光沢がある。アクセサリーや工芸の材料に利用されている。

ガラスやまくがつくる虹色

ガラスやあわなど、虹色をつくる身近なものをさがしましょう。

コップ

水をいれたコップに光がさし、コップをとおった光が虹色になってあらわれる。

プリズム

ガラスなどの、透明な多面体で、光を分散・屈折させるもの。正三角柱のプリズムは、光を虹のスペクトルに分解する。

フレア・ゴースト

強い光にカメラをむけると、光のまわりが白っぽくぼやける。これを「フレア」という。また、レンズ内で光が反射して、光のかたまりのようなものがならんであらわれる。これを「ゴースト」という。

レンズ

カメラのレンズに光が反射して、表面にさまざまな色の虹があらわれる。

シャボン玉

シャボン玉はとてもうすいまくでできている。透明なうすいまくには、虹色にみえる性質がある。シャボン玉のまくの厚さがかわると色が変化する。

ミラー・ゴーグル

虹色に光るゴーグルやサングラスには、表面に光を反射するまくがコーティングされている。強い光の下でも視界がよくなる。

油まく

水の上にひろがった油まくにもシャボン玉と同じように虹ができる。

シャボン玉はしだいに水分が蒸発してまくがうすくなり、虹色ではなくなる。

CD

CDの表面には、とても小さな凹凸がならんでいる。そこにあたった光はさまざまな方向へひろがって、色を強めあったり弱めあったりするため、虹色にみえる。

光は波

光とは一体どのようなものなのでしょうか。

光の正体は？

光は波の性質をもつ「電磁波」の一種です。ちょうど水面に広がる波のように空間をつたわっていきます。

電磁波は、波長（波の山と山の間の長さ）によって性質がかわります。赤い光は波長が長く、紫にちかづくにしたがって波長が短くなります。

電磁波のうち人の目にみえる光を「可視光」といいますが、テレビなどにつかわれる電波や、レントゲン写真につかわれるX線なども、目にみえない電磁波の一種です。

赤

紫

単位

ヘルツ（Hz）
周波数をあらわす単位。電磁波の周波数も音と同じヘルツであらわされる。1Hzは、1秒間に波が1回振動するという意味。

電磁波のスペクトル

電磁波を周波数の順にならべたものを電磁スペクトルといいます。電磁波は、その周波数によっていくつかの種類にわけられ、それぞれちがった性質をもっています。

◀——波長が長い

波長が短い——▶

電波	マイクロ波	赤外線	可視光	紫外線	X線	ガンマ線
テレビやラジオ、携帯電話などに利用される。	電子レンジは、食品にマイクロ波をあてて中の水を振動させ、発熱させることであたためる。	熱をつたえる性質がある。熱をもつものはすべて赤外線を発している。テレビなどのリモコンは赤外線で信号をおくる。	人の目に見える光。	太陽から発せられ、日焼けをひきおこす。人の目には見えないが、昆虫の多くは見ることができる。	人のひふなどのやわらかいものを通りぬけるため、レントゲン写真や、空港の手荷物検査などに利用される。	放射線の一種。医療器具などの滅菌に利用される。

電磁波はみんなのまわりのいろいろな場面でやくだっているんだ！

ニュートンの光と色の発見

偉大な数学者であり科学者であるニュートンは、1642年に、イギリスにうまれました。

1687年に『プリンキピア—自然哲学の数学的諸原理』という本をだし、その中で、「万有引力の法則」を発表しました。これは、わたしたちに重さをあたえている重力が、実は月や惑星の動きもコントロールしていることを科学的に説明するもので、人々の世界や宇宙に対する考え方をがらっとかえることになりました。

また、1696年にはケンブリッジからロンドンに住まいをうつし、造幣局の監事になりました。そして、貨幣の改正をおこない、金貨や銀貨のふちにきざみめをいれました。この改正によって、貨幣のふちをけずりとって金や銀をぬすんだり、にせの貨幣をつくるといったことがむずかしくなり、このような犯罪を激減させて大蔵省の損失を大幅にへらすことに成功。1699年には、彼は造幣局の長官になっています。

虹の七色の色彩を科学的に説明したのも、ニュートンです。ニュートンが最初に発表した科学論文は、光の性質に関するものでした。彼は、太陽の白色光を構成する色彩の観察をおこなった初めての科学者で、のちにその発見を本にまとめました。

◆大学の閉鎖で、1年半を故郷ですごす

1665年、ニュートンはケンブリッジ大学のトリニティ・カレッジの学生でしたが、この年、ペストという病気が大流行し、ケンブリッジ大学は閉鎖されました。そのためニュートンは、故郷のウールスソープ村にもどってすごすことになりました。この年、カレッジを卒業し学位をとることはできましたが、1666年にもペストが流行り、ふたたび村にもどりました。

村にかえっていた合計1年半の間、彼はたくさんの数学の問題をとき、微分積分法という数学の法則を発明し、重力についての最初の重要な考察をし、虹の色彩の研究をするなどして有意義にすごしました。

数学や科学の世界のたいへん重要な発見・発明・研究をしたこの期間は、のちに「驚異の年」といわれることとなりました。

1667年、ペストの流行がおさまると、ニュートンはケンブリッジ大学にもどり、トリニティ・カレッジの研究教員になりました。そして1669年には教授になっています。

◆プリズムをつかった光と色の実験

1665年から1666年にかけて故郷で研究をつづけていたニュートンは、ある日、スタウアブリッジの縁日に出かけ、おもちゃのプリズムをかってかえりました。プリズムというのは、透明なガラスでできた三角柱のことです。

家にかえると彼は、日よけで部屋を暗くし、すき間から細く日光がさしこむようにして、光の実験をはじめました。

▲ニュートンはプリズムをつかって、光線の実験をおこなった。

　暗い部屋にさしこんだ細い光は、白いすじのようにみえます。この白色光がプリズムをとおりぬけると、光は虹のようなしま模様になりました。べつのプリズムを同じように光の通り道におくと、やはり虹のような色の帯にわかれました。

▲白色光は、プリズムをとおすと7色にわかれる。

　色のわかれ方は順番も同じで、おもな色は、上から赤・オレンジ色・黄・緑・青・あい・紫の7色でした。彼は、

「白色光にはさまざまな色がふくまれていて、基本の色は7色。色と色の間には少しずつちがう中間の色があるので、実際には色は無限に存在する」

とかんがえました。

　さらに、7つにわかれた色の帯をレンズとプリズムをつかって、白色光にもどす実験もおこない、7つの色の帯は白色光の一部だということを証明しました。

◆虹の色を7色ときめたのはニュートン

　ニュートンはまた、プリズムが虹のような7つの色をつくりだす理由をあきらかにしました。

「光はガラスによって屈折する。光の中にある色は、それぞれちがう角度で屈折するため、わかれてでてくるのだ。虹ができるのも、雨粒によって光が屈折するためだ」

とかんがえついたのです。

　彼は、1672年に虹の光と色彩に関する最初の論文をかきました。1704年には、光の研究をまとめた『光学』という本をだしています。この中で、虹の色は7色と説明しました。

　それまで一般には、虹の色は赤、緑、青の3色とも、赤・黄・緑・青・紫の5色ともいわれていましたが、ニュートンが赤と黄色の間のオレンジ色と、青と紫の間のあい色をくわえて7色ときめたことにより、「虹は7色」というのが常識となりました。

◆鏡をつかった望遠鏡を発明

　虹の光と色彩に関する論文を発表するより前の1668年、ニュートンは「反射望遠鏡」を発明しています。1671年には、それを改良した「反射望遠鏡第2号機」を完成させ、王立協会におくりました。

　彼が反射望遠鏡を発明するまでの天体望遠鏡は、色がにじんで像がぼやけてしまうという欠点がありました。これは、光が凸型のレンズのはしをとおるときに屈折し、色がわかれてしまうことが原因だと気がついたニュートンは、レンズの代わりに凹型にカーブした鏡をつかって、反射させた光を焦点にあつめることをおもいつき、色がにじまない望遠鏡をつくることに成功しました。

▲ニュートンが発明した「反射望遠鏡」のレプリカ（模造品）。

　ニュートンは1703年に王立協会の会長となり、1727年に亡くなるまでの24年の間、会長をつとめました。ニュートンがしくみをかんがえた反射望遠鏡は、約350年たった現在も、星の観察につかわれています。

うずまきの
ふしぎ

まわりをみまわすと、
自然の中にも、人がつくったものにも
いろいろなうずまきをみつけることができます。
うずまきにはどんなひみつが
あるのでしょうか。

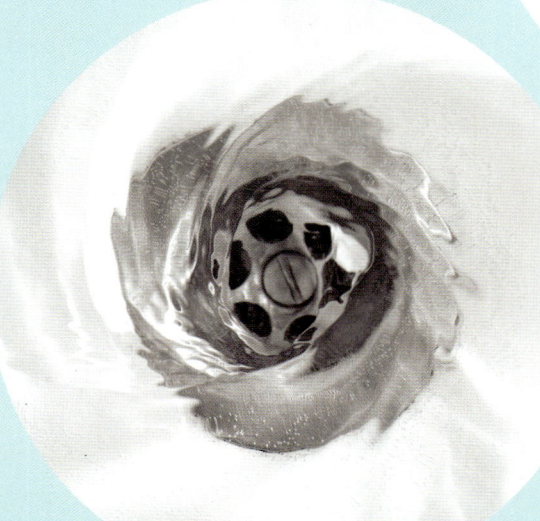

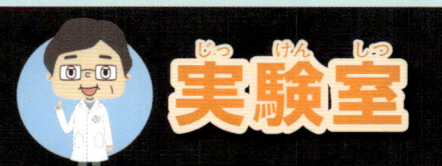

実験室

段ボール空気砲

段ボール空気砲から空気の
たまを発射して、
うずまきの力を体験しましょう。

空気のたまを発射！

用意するもの

- ☐ 段ボール箱
- ☐ 布ガムテープ
- ☐ カッターナイフ
- ☐ えんぴつ
- ☐ 線香
- ☐ 油ねん土
- ☐ ライター

作り方

1 段ボール箱をくみたて、つなぎ目を布ガムテープではる。

2 箱の側面に穴をあける。缶などの円いものをあてて、えんぴつでぐるりと印をつけてから、カッターナイフできりとる。

うち方

片方の手で箱をかかえ、もう片方の手で箱の横を強くたたく。

穴以外から空気がもれないように、しっかりとじよう。

やってみよう

あてたいものに穴をむけて、ねらってうってみましょう。
・新聞紙やビニール袋をドアのわくの上からつりさげてまとにする。
・近くにいる人をねらってうつ。

空気のたまをみる

1 丸めた油ねん土に線香を 10 本くらいたてて火をつける。
空気砲の穴を上からかぶせるようにして、箱の中に煙をためる。

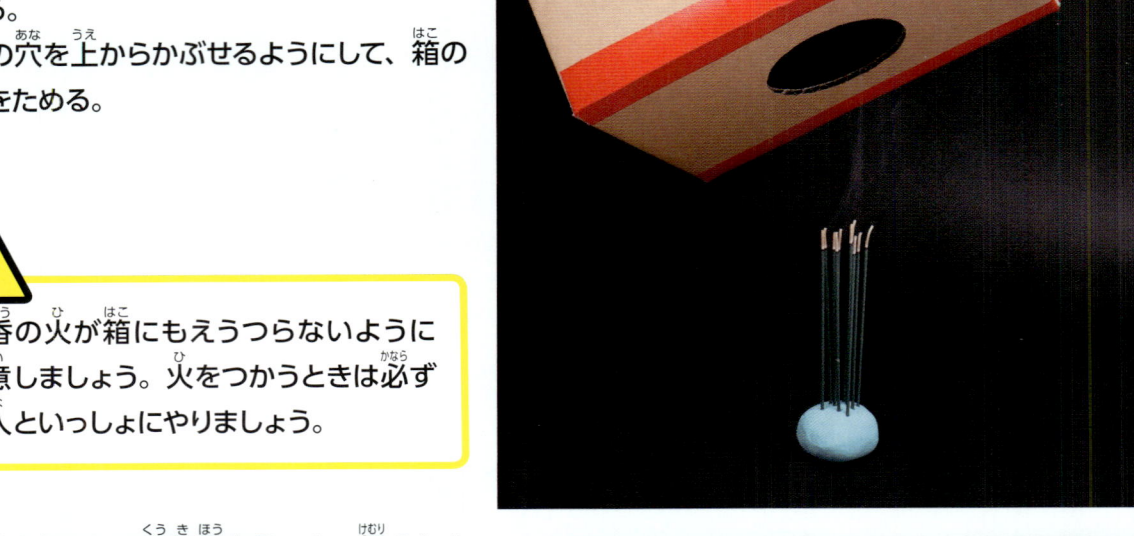

⚠️ 線香の火が箱にもえうつらないように注意しましょう。火をつかうときは必ず大人といっしょにやりましょう。

2 箱をおすようにして空気砲をうつと、煙のたまがとびだす。

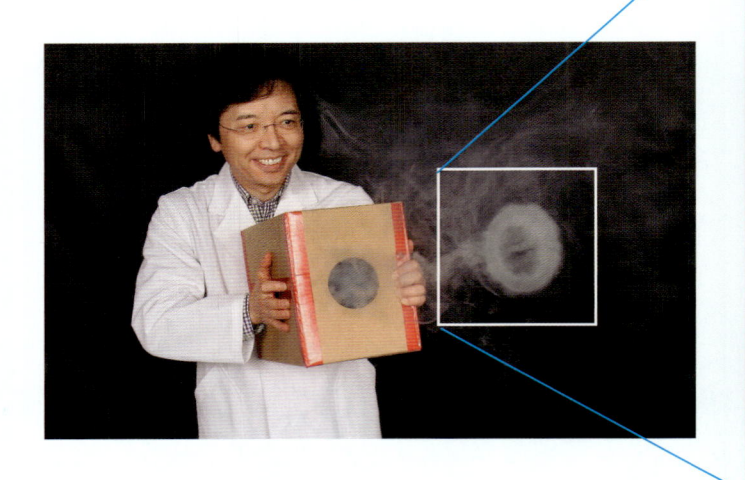

煙のわっかがうずをまいてる！

やってみよう

お風呂でお湯のたまを発射してみましょう。

ペットボトルにくだいた入浴剤をいれて湯船にしずめます。ペットボトルをおすと、色のついたお湯のたまがとびだしますよ。

色のついた輪がすすんでいくのがわかるよ！

空気砲のたまはどうして遠くまでとぶのでしょうか？

煙をつかった実験でわかるように、空気砲から発射された空気のたまは、ドーナツのような輪で、内側から外側に回転するうずになっています。平泳ぎのようにうずが空気をかきわけて前にすすむことでまっすぐに遠くまでとぶことができるのです。空気のたまは、おしだされた勢いだけですすむのではないのです。

また、回転することで輪がこわれにくくなり、まわりの空気とまざらずに長く形をたもつことができます。

紙でつくったまとをたおしたり、はなれたところからろうそくの火をけしたり、遊び方はたくさんあるよ。

ぼくは大きい段ボール箱でつくってみようっと！

イルカのバブルリング

イルカは水中で空気砲のたまとにた空気の輪をつくってあそぶことがあります。これをバブルリングとよんでいます。

イルカは口や頭の上にあるあなから空気のあわをはきだしたあと、口やひれをつかってうずをつくります。すると、空気のあわがうずにまきこまれてバブルリングができるのです。

バブルリングはうずの力で空気のあわをだきこんだまま、水面にうかぶことなく、おしだされた方向にまっすぐすすんでいきます。

器用なイルカは、小さな輪や大きな輪をつくったり、自分でつくった輪をのみこんだりしてあそびます。

発見隊

自然のうずまき

自然の中には、おどろくほどたくさんのうずまきがあります。アサガオのつるや貝がらのように、立体的ならせんをえがくうずまきもあります。

アサガオ

つるをあちこちにぐるぐるとまきつけながらのびていく。

ソテツ

春に、うずまき状の若葉がでてくる。葉はしだいにまっすぐのびてかたくなる。

ヒマワリ

ヒマワリの花のたねの部分を正面からみると、右回りと左回りのらせんがみえる。

ゼンマイ

ゼンマイは山などにはえるシダ植物。新芽はきれいなうずまき形になる。

まつぼっくり

まつぼっくりは、らせんをえがいてならんでいる。よくみると、ひとつのまつぼっくりの中に、たくさんのらせんがみつかる。

ネジバナ

小さなピンクの花が、くきのまわりにらせん状にならんでさく。右まき、左まきのどちらの形もある。

アンモナイトの化石

アンモナイト類は太古の地球の海にいきていた軟体動物。まき貝をもっていたが、貝ではない。

貝がら

ほとんどのまき貝のからは、貝の成長とともに、とても規則正しい形で大きくなる。

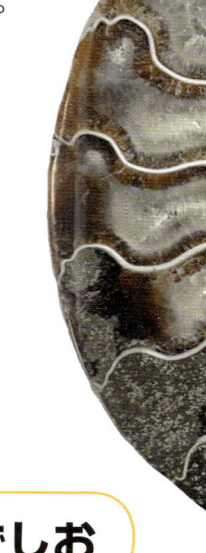

アンモナイトの貝の断面。

うずしお

海の水がうずをまく現象。鳴門海峡で発生する「鳴門のうずしお」は大きいことで有名だ。

排水口

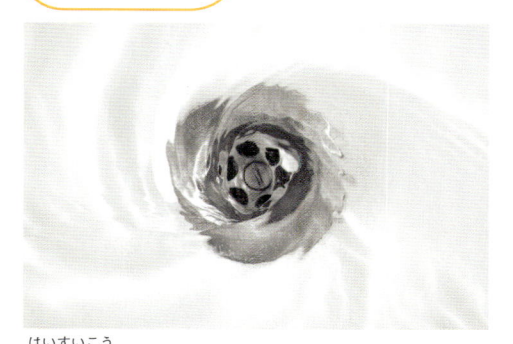

排水口に、うずをまいてすいこまれていく水。

たつまき

上空の発達した積乱雲でおきる上昇気流が回転してできたもの。

うずまき銀河

星などがうずをまいた円盤状の形をしている銀河のこと。

台風

熱帯の海上で発生する、強い雨や風をともなう発達した低気圧。巨大な空気のうずをえがきながら移動する。うずは北半球では左回り、南半球では右回りになる。

人工のうずまき・らせん

人がつくるものにもある、たくさんのうずまきやらせん形。その形は、どんなふうに役にたつのでしょう。

ドリル

回転することで木や金属などに丸い穴をあける工具。

コルクぬき

ワインなどのコルクせんをぬく道具。コルクにスクリューをねじこんで、ひっぱりぬく。

ねじ

らせん状のみぞがきざまれていて、回転させてしめつける。ものを固定するときにつかう。

ばね

コイル状につくられたばねは、おされたりひかれたりすると、元の形にもどろうとする弾性をうむ。

蚊とり線香

殺虫成分のあるけむりで蚊を退治する線香。昔は棒の形だったが、長さをのばすためにうずまき形が考案された。

1枚の円盤を型ぬきすると、一度に2本の蚊とり線香ができる。

ループ橋

坂が急にならないように、ゆるやかならせん状につくられた道路や鉄道の線路。

駐車場のスロープ

ショッピングセンターなどの建物の上のフロアにある駐車場へは、ぐるぐるとスロープをまわっていく。

らせん階段

柱を中心にまわる形でのぼりおりをする階段。

三角港フェリーターミナル

熊本県宇城市の三角港にある円錐形のフェリーターミナル。内部にもらせん階段がある。

らせん階段を見上げたようす。

さざえ堂

福島県会津若松市の飯盛山にある六角形のお堂。内部はらせん構造になっている。国の重要文化財。

らせん階段を見下ろしたようす。

自然のつくる形

うずまきのほかにも、自然がつくりだす
美しい形があります。

六角形

カメのこうら

六角形はこうら全体をすき間なくおおっている。

ハチの巣

六角形は巣をむだなくくぎることができるので、かべの材料が少なくてすむ。

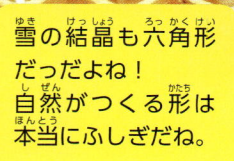

雪の結晶も六角形だっだよね！
自然がつくる形は本当にふしぎだね。

その他

ウニの骨格

とげのはえていたあとが、美しい模様になっている。

五角形

ホヤの花

植物の中では、5枚の花びらをもつ花が最も多い。

ロマネスコ

カリフラワーの一種の野菜。規則正しいらせん状の円すいがあつまっている。

ヒトデ

ヒトデの多くは5本のうでをもち、星のような形をしている。

目の錯覚の ふしぎ

物事が実際とはちがってみえることを目の錯覚といいます。
目の錯覚はいろいろな場面でおきていますが、
ふだんわたしたちはそれに気がつかずにいます。
ふしぎな目の錯覚をみていきましょう。

 **実験室**

ふしぎなさいころ

これは紙でつくったさいころです。
でも、実際はみえているのとちがった形をしています。

あやしい物体を発見！

うかんでいるみたい！

用意するもの

- ☐ 厚紙
- ☐ サインペン（黒と赤）
- ☐ セロハンテープ
- ☐ 定規
- ☐ はさみ

##

1 厚紙に右の図をうつし、きりとる。

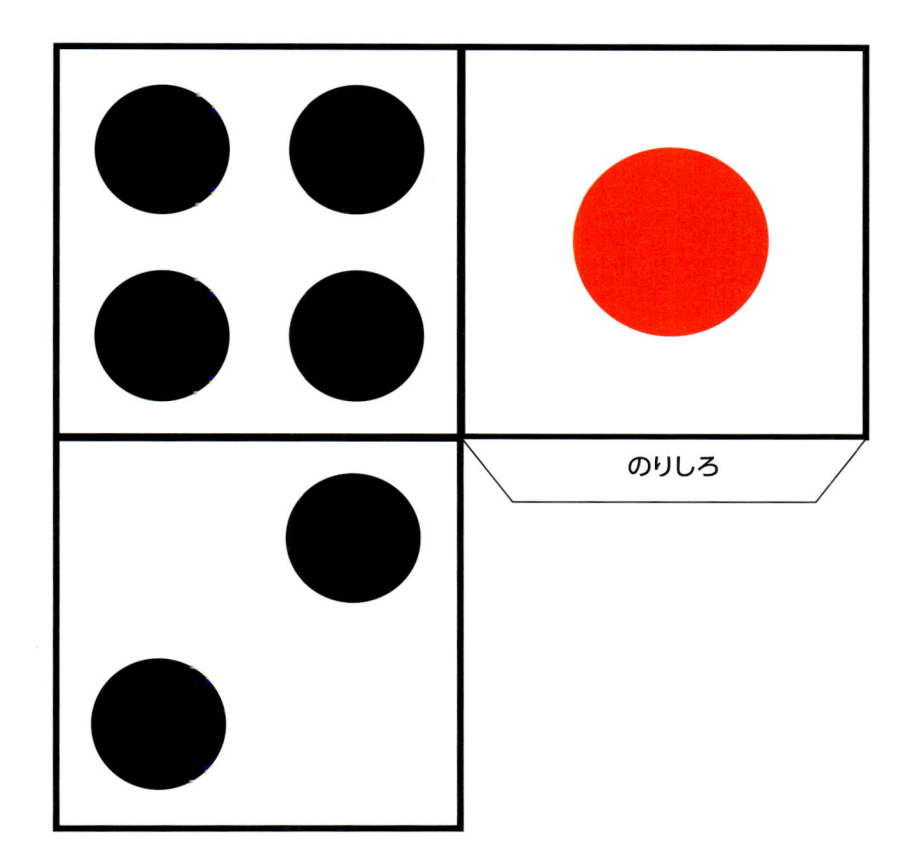

のりしろ

2 黒い線をすべて谷折りにして、のりしろを2の目のうらにセロハンテープではる。

中央の角がくぼんだ形になるよ。

できあがり！

どうやってつかうのかな？

遊び方

1 さいころを机の上などにおき、少しはなれて正面からみる。すると、くぼんでいるはずの中心がでっぱって、四角い箱のようにみえてくる。

うまくみえないときは、片方の目でみてみよう。

2 そのまま顔をうごかして、みる角度をかえると、さいころがこちらをおいかけてくるようにみえる。

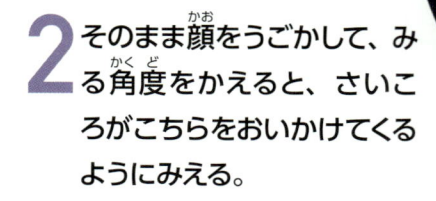

やってみよう

ふしぎなさいころを友だちや家族にみせてびっくりさせましょう。

宙にうくふしぎなさいころだよ!

やり方

ストローの先をはさみで十字にきってひらき、さいころのうらがわにセロハンテープではります。ストローを指ではさんでもち、さいころを相手にむけてみせましょう。

どうしてへこんだものがでっぱってみえるのでしょうか？

　人間の目は少しはなれてついているため、左右の目でみている像は少しちがいます。その少しのちがいから、脳が奥行きをかんじとっています。ものが立体的にみえるのは、左右２つの目でみているからなのです。

　ところが、さいころを片方の目だけでみると、脳が立体感をとらえられず、へこんでいるのか、でっぱっているのかわからなくなります。さらに、「さいころなら角がでっぱっているはずだ」という思いこみがかさなって、くぼんだ形のさいころが立方体にみえるというわけなのです。

　実際はくぼんでいるものがでっぱってみえているため、みる角度をかえると予想とはちがうほうにうごきます。そのため、宙にういているようなふしぎなうごきになるのです。

目の錯覚とは

　ものの大きさや形、色などのようすが実際とはちがってみえることを、目の錯覚といいます。

　右の図をみてみましょう。２つの青い円の大きさをくらべると、小さい円にかこまれたほうが大きくみえますね。でも実際はまったく同じ大きさです。これが目の錯覚です。まわりをかこんでいる黄色い円の大きさと無意識にくらべてみるため、大きさがちがってみえてしまうのです。

　わたしたちはものをみるとき、目だけでみているのではなく、脳もつかっています。目からはいった情報を脳が分析して、みているものがどんなものか判断しているのです。何らかの理由で脳が分析をまちがえることで目の錯覚がおこるとかんがえられています。

　目の錯覚をしらべると、人間がものをみるしくみがとてもよくできていることがわかります。

▲表　　　　▲うら

お面をうらからみると、へこんでいるはずなのにでっぱってみえる。これも「顔はでっぱっているものだ」というおもいこみからおこる目の錯覚。「ホロウマスク錯視」とよばれている。

目の錯覚のおこりやすさは人それぞれ。人によってはでっぱってみえないことがあるよ。

「エビングハウス錯視」とよばれる図形。小さい円にかこまれた青い円は、大きい円にかこまれた青い円よりも大きくみえる。

発見隊

目の錯覚を利用したもの

視覚は、わたしたちが日ごろもっともたよりにしている感覚ですが、意外にだまされやすいものなのです。しかし、目の錯覚は、いろいろなものに利用されています。

道路の交通標示

車線の内側にかかれた白い破線によって、ドライバーは道の中心を走りやすくなり、せまい道やカーブなどで、車線をはみだしにくくなる。

車に停止や減速をさせたい手前の地点に、障害物にみえるような図形をえがき、ドライバーにブレーキをふませる。

道路にかかれた文字は細長いね。ドライバーが車からみたときによみやすくなっているんだね。

くだりカーブのかべの矢印のマークは、だんだんと間隔がせばめられているため、ドライバーはスピードのだしすぎを意識する。

みかんネット

みかんを赤いネットにいれると、みかんの色はより赤く、熟しておいしそうにみえる。

法隆寺の柱

法隆寺の回廊の柱は、中央部が太く、上部にむかってゆるやかに細くなっている。これは見上げたときにまっすぐに安定してみえる形状で、「エンタシスの柱」とよばれる。

鶴岡八幡宮参道

神奈川県鎌倉市の鶴岡八幡宮の参道は、奥にいくほど細くつくられていて、遠近法の錯覚により、本殿までの道が長くみえる。

90度システム広告

サッカー場などの地面におかれた平らなシート状の広告が、テレビカメラのアングルからみると立体的な看板にみえる。

お化粧

色の濃淡をつけたりすることで、顔を細くみせたり、目を大きくみせたりする。

バーチャル・リアリティとは？

顔面につけたディスプレイで、左右の目にそれぞれ別の角度の映像をみせることで、立体視ができる技術です。目の錯覚によって、まるで仮想空間にいるような体験ができます。

実際にそこにいるような感覚があじわえる。

目の錯覚がおこる絵や図形

だまし絵・かくし絵

えがかれているものが、見方によってちがうものにみえたり、まるで本物そっくりにみえる絵など、目の錯覚をたのしめる絵があります。

3本の木が、実際にはありえない形でつながっている（ペンローズの三角形）。

白い杯ではなく、黒い部分をみると……（ルビンの杯）。

ここにいるのはアヒル？　それともウサギだろうか？（「ウサギとアヒル」J.ジャストロー作）

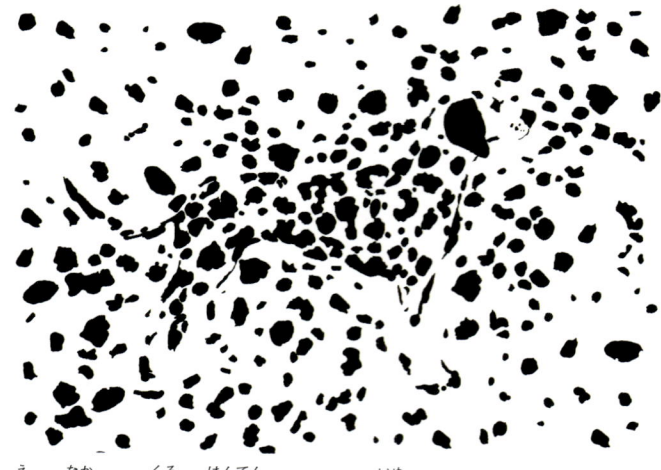

絵の中に、黒い斑点もようの犬（ダルメシアン）が1ぴきかくれている。

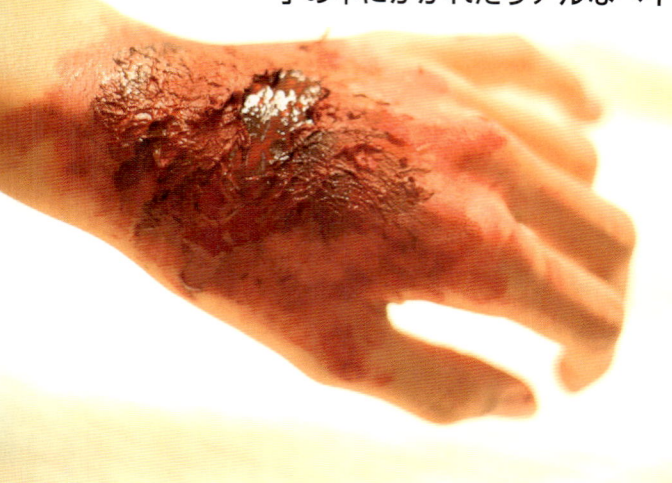

手の甲にかかれたリアルなペイント。

男の顔や手は、人体をくみあわせてえがかれている。（「みかけはこはゐがとんだいゝ人だ」歌川国芳作）

ふしぎな図形

直線がまがったり、ないはずのものがみえたりなど、実際とはちがってみえる図形が研究されています。

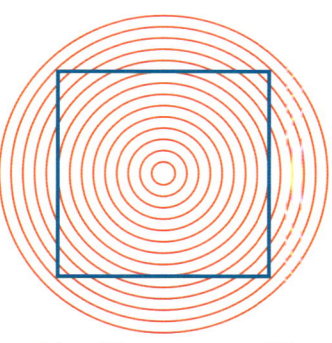

円の中にかかれた正方形は、辺がへこんでみえる（オービソン図形）。

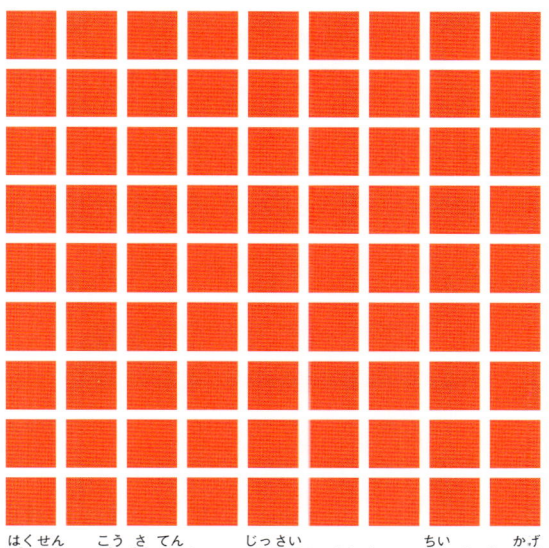

白線の交差点に、実際にはない小さな影がうかんでは消える（ヘルマン格子錯視）。

2本の赤い平行線は、左は上下にへこみ（ヴント錯視）、右はふくらんでみえる（ヘリング錯視）。

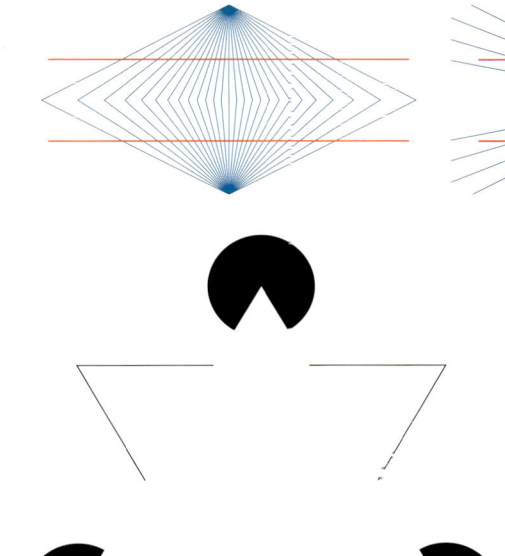

中心に、実際にはえがかれていない白い三角形がみえる（ナニッツァの三角形）。

円なのに、うずをまいているようにみえる（フレーザーの渦巻き）。

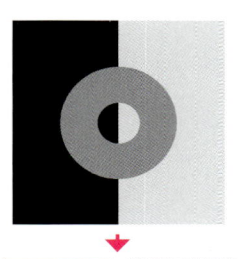

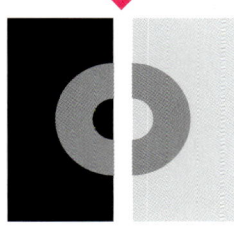

左右にきりわけると、同じ色のリングが、右側はこく、左側はうすくみえる（コフカの輪）。

視覚のあやうさを実感「養老天命反転地」

荒川修作とマドリン・ギンズの構想による、岐阜県養老町の公園であり、芸術作品です。ゆがんだ地面や景色など、気のおちつかない、不安定な感覚を体感できます。

体をつかってバランスをとりながらたのしむアート。

アナモルフォーズ

ゆがんだりひきのばされたりした絵が、ある角度からみると正しくみえる、ふしぎなだまし絵があります。

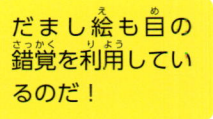

だまし絵も目の錯覚を利用しているのだ！

ななめからみると…?

右の絵は、16世紀にドイツの画家ハンス・ホルバインがえがいた絵画です。二人の男性の足元に、何やら白い物体がえがかれています。本を手にもって、右上から片方の目で絵をのぞいてみましょう。すると、白い物体がおそろしいドクロにみえます！

これは「アナモルフォーズ」とよばれるだまし絵の一種で、ある角度からだけ正しい像がみえるように、わざとひきのばしてえがかれています。

「大使たち」ハンス・ホルバイン作

アナモルフォーズのアート

アナモルフォーズは16世紀のヨーロッパで流行した技法ですが、現代のアートにもみることができます。

田んぼアート

青森県田舎館村の「田んぼアート」。展望台からみたときに遠くがちぢんでみえないように、アナモルフォーズの原理をもちいて原画をひきのばし、それにしたがって品種のちがう稲をうえて絵を完成させる。

上からみたところ。

ひまわりのモザイク

北九州市小倉北区の紫川にかかる「太陽の橋」。長くひきのばされたひまわりのモザイクは、歩道にたつ人の目には丸いひまわりにみえるようにデザインされている。グラフィック・デザイナー福田繁雄の作品。

上からみたところ。

用語解説さくいん

用語解説

科学でつかわれるむずかしい用語を解説しています。

遠心力

　自動車がまがると、のっている人は体が外側におされたようになってかたむきます。この時体にかんじる力を「遠心力」といいます。

　遠心力は回転しているものにはたらく慣性力の一種です。洗濯機の脱水は、洗濯そうを高速で回転させ、遠心力をつかって洗濯物をかべにおしつけ、水分を外へとばして水をきります。

　また、地球の自転によってうまれる遠心力は、地球上のすべてのものにはたらいています。この「遠心力」と「引力」があわさった力が「重力」なのです。

▲回転させて野菜の水をきる道具。

元素

　物質を構成しているものの成分を元素といいます。たとえば水は、水素と酸素という元素からできています。

　にた性質をもつ元素が規則的にならぶように配列した表を「周期表」といいます。元素には順番に原子番号と元素記号がつけられています。たとえば酸素は原子番号8番、元素記号は「O」です。表には118番まであります。原子番号92番のウランまでが自然に存在する元素で、天然に存在するすべてのものは、この92種類の元素の組み合わせでできています。93番以降は、人工的につくられたもので、これからもふえていくかもしれません。

▲元素周期表

鉱物

　道ばたにおちている石を虫めがねで拡大してみると、小さなつぶがたくさんならんでいるのがわかります。このつぶは「鉱物」とよばれる小さな結晶です。たとえば、ビルや墓石につかわれる「花こう岩」という石は、「石英」や「長石」、「雲母」などの鉱物があつまってできています。

　鉱物は4000以上の種類があり、鉱物を多くふくむ岩石を「鉱石」といいます。鉱石からとりだされた鉱物は、わたしたちのくらしにやくだてられています。

▲石英。きれいな形に結晶になったものを「水晶」とよぶ。

固体・液体・気体

水は温度によって固体（氷）、液体（水）、気体（水蒸気）にかわります。水だけでなく、ほかの物質も同じように温度によってすがたをかえます。固体から液体、液体から気体にかわる温度は、物質によってさまざまです。

固体が液体になることを「融解」といい、反対に、液体が固体になることを「凝固」といいます。そのときの温度を「融点」といいます。液体の表面から気体になることを「蒸発」といい、温度が上がって液体の内部から激しく気体になることを「沸騰」といいます。沸騰するときの温度を「沸点」といいます。反対に気体が液体になることを「凝縮」といいます。ふつう、固体は液体になってから気体になりますが、固体から直接気体になることもあり、これを「昇華」といいます。

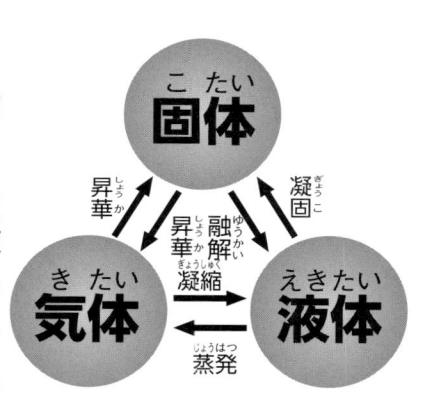

自転と公転

地球は1日に1回、回転しています。これを「自転」といいます。また、地球は太陽のまわりを約1年かけて1周します。これが「公転」です。

地球の自転じくは、太陽に対して約23.4度かたむいています。そのため、太陽のまわりを公転すると、1年のうちに、北極側が太陽をむく時期と、南極側が太陽をむく時期、その中間の時期がうまれます。北極側が太陽をむくと北半球は夏、南半球は冬になります。反対に、南極側が太陽をむくと北半球は冬、南半球が夏になるのです。

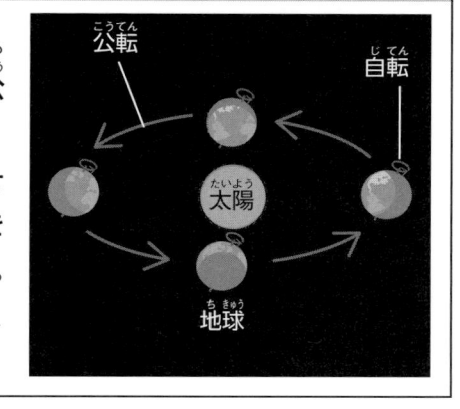

太陽系

太陽系は、太陽とそのまわりをまわっている惑星や衛星などからなっています。地球も太陽系の一員で、一番内側の水星からかぞえて3番目の惑星です。

太陽系の惑星は、太陽に近いほうから水星、金星、地球、火星、木星、土星、天王星、海王星の8つです。

8つの惑星は、ほぼ同じ平面上の軌道で太陽のまわりをまわっていますが、周期はそれぞれことなります。太陽から一番遠い海王星は、165年もかけて1周します。また、金星はほかの惑星とは反対の向きに自転し、天王星は自転の回転じくが横だおしになっています。

●**太陽系の惑星と太陽からの距離**（ ）は、太陽と地球の距離を1としたときの距離。

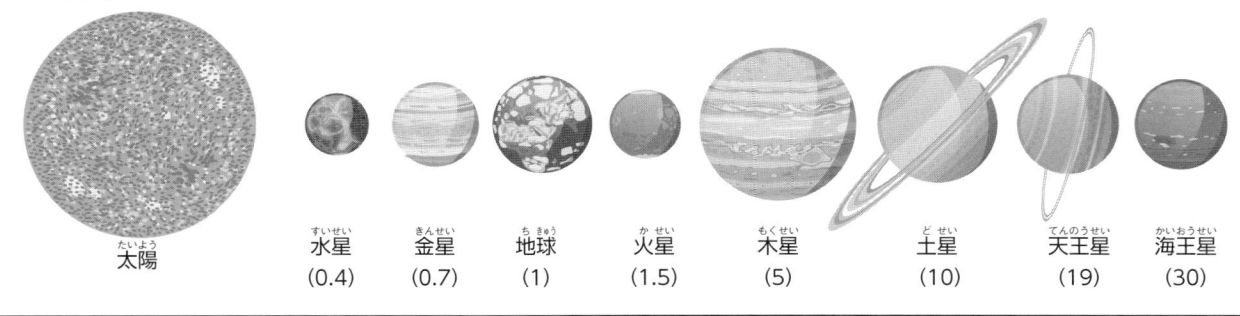

| 太陽 | 水星
(0.4) | 金星
(0.7) | 地球
(1) | 火星
(1.5) | 木星
(5) | 土星
(10) | 天王星
(19) | 海王星
(30) |

電気の単位

電気には主に「V（ボルト）」「A（アンペア）」「W（ワット）」の単位がつかわれます。

● V（ボルト）

電圧をあらわします。電圧とは電気をおしだす力です。よくつかわれる円筒形の乾電池は 1.5V、日本の家庭用のコンセントはほとんどが 100V です。

● A（アンペア）

電流、つまり電気がながれる量をあらわします。電化製品はそれぞれのアンペア数があります。また、家庭で使う電気は電力会社との契約でアンペア数がきまっていて、アンペア数が大きいほど一度にたくさんの電化製品をつかうことができます。

● W（ワット）

電球がひかったり、電化製品がうごいたりするときにつかわれる電力の量をあらわします。電力は、次の式でもとめることができます。

電力（W）＝電流（A）×電圧（V）

また、電気の使用量は、1 時間につかった量をあらわす単位「Wh（ワット時）」をつかいます。100W の電球を 1 時間つかうと、100Wh になります。

※同じ種類の製品でも、メーカーや型によってアンペア数やワット数はことなります。

電化製品のアンペア数

掃除機（強）	約 10A
ドライヤー	約 12A
電子レンジ	約 15A
炊飯器	約 13A
アイロン	約 14A
白熱電球	約 1A

電化製品のワット数

冷蔵庫	約 250W
エアコン	約 600～700W
洗濯機	約 200W
電子レンジ	約 700W
ドライヤー	約 600～1200W
ノートパソコン	約 150W

反射

光は、じゃまをするものがなければどこまでもまっすぐにすすむ性質があります。ところが、ものにぶつかるとはねかえります。これを「光の反射」といいます。

鏡のように、表面がつるつるしたものは光をよく反射し、布などのざらざらしたものはあまり反射しません。

鏡にものがうつるのも、鏡に反射した光がみえるからです。鏡にまっすぐにあたった光は、まっすぐに反射しますが、ななめにあたった光は同じ角度で反対側に反射します。この性質を利用すると、目にみえない場所もみることができます。自動車のバックミラーや道路のコーナーミラーも反射を利用しています。

▲運転手からみえない曲がり角をうつしてくれるコーナーミラー。

比重

比重とは、ある物質の密度が4℃の水の密度の何倍あるかをしめしたものです。なぜ4℃の水なのかというと、水は温度によって体積がかわり、4℃のときにもっとも体積が小さくなるからです。

比重が1よりも大きい場合は水にしずみ、比重が1よりも小さい場合は水にうかびます。

また、比重は密度の比較なので、単位はありません。

◀水と油はまざらずに層になる。水よりも比重の小さい油が上にうかぶ。

分子

物質をどんどん細かくわけていくと、その物質が性質をたもっていられる最小のつぶとなります。このつぶを「分子」といいます。分子をさらにわけて、それ以上わけることができなくなった小さなつぶを「原子」といいます。原子にわけるとその物質の性質はなくなります。原子の種類やならび方、大きさがちがうと、まったく別の物質になるのです。

たとえば水の分子は、1つの酸素原子（O）と2つの水素原子（H）でできています。また、プラスチックは、炭素を中心としたとても長い分子でできています。

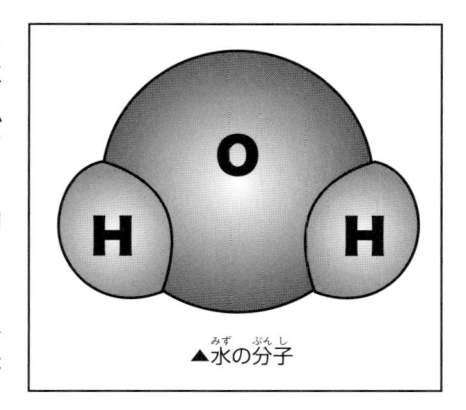

▲水の分子

密度

ことなる物質の重さをくらべるとき、まず大きさ（体積）をそろえる必要があります。そのときつかわれるのが「密度」です。

密度は、物質の1cm³あたりの質量（g）のことで、「g/cm³」の単位であらわします。

また物質の密度は、

密度（g/cm³）＝質量（g）÷体積（cm³）

の計算でもとめることができます。

すべての物質は、それぞれ決まった密度をもっているので、密度をしらべることで、物質の種類をしることができます。

いろいろな物質の密度

鉄	7.874 g/cm³
金	19.32 g/cm³
銀	10.50 g/cm³
アルミニウム	2.6989 g/cm³
花こう岩	2.6 〜 2.7 g/cm³
ガラス	2.4 〜 2.6 g/cm³
松	0.52 g/cm³
氷（0℃）	0.917 g/cm³
食塩	2.17 g/cm³
ダイヤモンド	3.513 g/cm³

あ

アイゼン …………………………………… 88
赤ジソ …………………………………… 176
揚げ油 …………………………………… 204
アサガオ ………………………………… 226
アジサイ ………………………………… 176
圧力 …………………………… 14、28、122
アドバルーン …………………………… 38
アナモルフォーズ ……………………… 240
アパタイト ……………………………… 165
アポロ 11 号 …………………………… 188
雨 …………………………… 47、152、227
アメジスト ……………………………… 164
アメンボ ………………………………… 48
あられ …………………………………… 152
アリストテレス ………………………… 114
アルカリ性 ……………………… 169-178
アルカリ性食品 ………………………… 175
アルキメデス …………………… 40、82
アルキメデスの原理 …………… 35、40
アルマゲスト …………………………… 167
アルミ …………………………………… 131
アルミニウム …………………………… 176
アワビ …………………………………… 215
アンティキティラ島の機械 …………… 82
アンデルス・セルシウス ……………… 203
アントシアニン ………………… 173、176
アンモナイト …………………………… 227

い

いかだ …………………………………… 36
移動性高気圧 …………………………… 17
糸電話 …………………………………… 195
猪苗代湖 ………………………………… 177
イヤーマフ ……………………………… 195
イルカ …………………………… 198、225
いろり …………………………………… 111

う

ウイングスーツ ………………………… 24
ウインドサーフィン …………………… 24
ウォームギヤ …………………………… 81-82
うき …………………………… 32-35、37
うき橋 …………………………………… 37
うきわ …………………………………… 37
ウサギとアヒル ………………………… 238
うずしお ………………………………… 227
うずまき ………………… 221-228、230
うずまき銀河 …………………………… 227
うたせ網漁 ……………………………… 25
うたせ船 ………………………………… 25
宇宙線 …………………………………… 146
ウニの骨格 ……………………………… 230
ヴント錯視 ……………………………… 239

え

エアホッケー …………………………… 91
エウロパ ………………………………… 156
液体窒素 ………………………………… 208
エコーロケーション …………………… 198
エジソン ………………………………… 126
S 極 …………………………… 141-142、145
X 線 ……………………………………… 218
N 極 …………………………… 141-142、145
エメラルド ……………………………… 164
エンケラドス …………………………… 156
炎色反応 ………………………………… 113
炎心 ……………………………………… 109
遠心力 …………………………… 58、61-62
円筒形乾電池 …………………………… 132

お

黄玉 ……………………………………… 165
黄鉄鉱 …………………………………… 165
大玉ころがし …………………………… 56
オービソン図形 ………………………… 239
オーロラ ………………………………… 146

小笠原高気圧 …………………………… 17

オットー・リリエンタール …………… 30

オホーツク海高気圧 …………………… 17

オルゴール ……………………… 81、102

おわん ……………………………… 14

温泉 …………………………………… 177

温帯低気圧 ………………………… 18

か

ガーネット …………………………… 164

カーバッテリー ……………………… 132

カーブミラー ………………………… 186

カーリング …………………………… 56

カールコード ………………………… 102

外炎 ………………………………… 109

外核 ……………………………… 145

貝がら ……………………………… 227

回転ブランコ ……………… 58、62

界面活性剤 …………………… 49、123

カエデ ……………………………… 27

鏡… 184、186-187、210、212-213、220

かき氷機 ……………………………… 82

核 ……………………………………… 145

かくし絵 ……………………………… 238

拡声器 ……………………………… 194

下降気流 …………………………… 16

カ氏 ……………………………… 203

鍛冶 ………………………………… 112

可視光 ……………………………… 218

菓子袋 ……………………………… 14

ガスコンロ ………………………… 111

ガソリンスタンド …………………… 123

カタツムリ …………………………… 93

蚊とり線香 ………………………… 228

カニッツァの三角形 ………………… 239

ガブリエル・ファーレンハイト ……… 203

かまど ……………………………… 111

カメのこうら ………………………… 230

カメラ ……………… 132、187、216

火薬 ……………………………… 113-114

火力発電所 …………………………… 112

ガリレオ ……………………………… 67

カルサイト …………………………… 165

緩衝材 ………………………………… 103

環水平アーク ………………………… 214

慣性 ……………………… 51-58、60、70

慣性の法則 ………………………… 54

ガンマ線 ……………………………… 218

き

気圧 ………………………………… 16

気象 ………………………………… 16

90度システム広告 ………………… 237

吸盤 ………………………………… 14

魚群探知機 ………………………… 196

霧 ……………………………… 152、185

ギリシア火 ………………………… 114

金星 ……………………………… 156、167

く

クアーズ・フィールド ………………… 15

空中ブランコ ………………………… 69

クオーツ式 …………………………… 68

くぎぬき …………………………… 80

草津白根山の湯釜 ………………… 177

クジャク ……………………………… 215

屈折 ………… 94、180、183-185
213、216、220

くつ底 ……………………………… 88

クモの巣 ……………………………… 47

グライダー ……………… 25、29-30

クランク ……………………… 81-82

クリスタルの洞窟 …………………… 166

ぐんて ……………………………… 88

け

消しゴム …………………………… 89

結晶 ……………… 152-154、157-158
160-166、184、230

ケプラー186f ……………………… 156

弦楽器	89
原子	161
顕微鏡	187

こ

コイル	126、144
高気圧	16-18
合成ゴム	99
構造発色	94
交通標示	236
校内放送	194
鉱物	164
コウモリ	198
ゴーカート	62
ゴースト	216
コーヒーミル	81
黒鉛	161
黒色火薬	114
固体	148、151、161、204-205、207
コフカの輪	239
コペルニクス	167
コマ	56-57、59、87
鼓膜	14、193
ゴムロケット	96、99
コルクぬき	228
コロ	90
コンタクトレンズ	48、187
こんにゃく	101

さ

サーモグラフィ	206
彩雲	214
彩氷	214
ざくろ石	164
さざえ堂	229
サスペンション	103
札幌市時計台	71
砂糖	149、163
作用点	77、80
皿まわし	60

酸性	169-178
酸性雨	174
酸素	109、114、131、146

し

シーソー	73、78
ジェットエンジン	15、30
ジェットコースター	58、61
ジェット旅客機	15
塩水	128、130-131、180-183、203
磁化	142
死海	37
紫外線	218
自家用発電機	134
歯鏡	186
ししおどし	195
磁石	126、137-146
地震計	70、136
磁性流体	143
磁鉄鉱	141-142
支点	77、79
自転	18、72
自転車	23、59、81、89、102-103
自転車スタンド	102
自転車のベル	194
シニアカー	133
シビレエイ	135
シベリア高気圧	17
しも	153
しもばしら	50、153
指紋	88、117
シャーベット	200-201、203
ジャイロ効果	59-60
シャボン玉	217
ジャンプ	24、79、100
十字石	165
重そう	163、170-173、178
重炭酸ソーダ	178
周波数	196、218
重力	55、61-62、219

ジュエリーアイス	154
主虹	213
酒石	163
種の起源	168
シュリーレン現象	183
蒸気機関	155
焼却炉	112
上昇気流	16、18、124、227
衝突球	70
鍾乳石	166
鍾乳洞	166
蒸発	18、154、156、161、217
ジョージ・ケイリー	29
食品トレー	104
初心者マーク	143
ジョン・ストリングフェロー	29
磁力線	142、146
ジルコン	165
進化論	168
しんきろう	185
振動	193、195-197、218

す

水銀	48
水車	71、78、81、155
水晶	68、157、164
水蒸気	17-18、109、124
	151-154、156、162
水上飛行機	36
水星	156、167
水素	109
垂直器	70
水溶液	45、173-175
スーパーボール	101
スケートリンク	87
スタウロライト	165
ストーブ	111、207
ストッキング	104
スパイク現象	143
スパナ	80

スピーカー	144
スピードスケート	56
スペクトル	216、218
スポイト	48
スポーツ	24、79、87、100
スポーツカイト	26
墨流し	42、45、49
スラックライン	79

せ

静電気	115-125
静電気クラゲ	116
静電気除去ブラシ	123
静電気防止スプレー	123、190
石英	164
赤外線	206-207、218
石筍	166
積乱雲	18、227
石灰岩	166
石けん	170-173、178
セ氏	203
セルシウス度（℃）	203
セルロイド	104
洗剤	42、45、49、87
	173、175、178
潜水艦	36
洗濯ばさみ	102
せんぬき	80
ぜんまい	102
ゼンマイ（植物）	226

そ

ゾウ	39、197-198
双眼鏡	187
ソーラーパネル	134
ソテツ	226

た

ダーウィン	168-168
体温計	206

大気……………… 9-10、12-16、18、146
大気圧……………………………… 13-16
帯電…………………………… 119、121
帯電列……………………………… 119
ダイナマイト ……………………… 114
台風……………………… 17-18、227
太平洋高気圧……………………… 17
タイヤ …………………… 87、92、103
ダイヤモンド …………… 157、161、163
ダイヤモンドダスト ……………… 154
太陽系……………………………… 156
太陽の橋…………………………… 240
太陽風……………………………… 146
大理石…………………… 45、165
対流………………………………… 207
タオル ……………………………… 50
たき火 ……………………………… 111
竹とんぼ …………………………… 26
たこ ……………………… 26、125
タッチパネル ……………………… 122
たつまき …………………………… 227
ダニエル …………………………… 126
だまし絵………………… 238、240
タマムシ …………………………… 215
ダム ………………………………… 134
だるまおとし ……………………… 55
だるま夕日………………………… 185
タレス ……………………………… 125
たわし……………………………… 89
炭酸カルシウム …………………… 166
炭酸水素ナトリウム ……………… 178
弾性…………… 95-96、98-104、228
炭素………………………………… 109
田んぼアート ……………………… 240
段ボール空気砲………… 222-223、225
タンポポ …………………………… 27
だんろ……………………………… 111

ち

地殻………………………………… 145

地磁気……………………… 145-146
窒素……………………… 146、208
地動説……………………………… 167
駐車場のスロープ ………………… 229
中性……………………… 172-173、177
超音波……………………… 196、198
超音波加湿器……………………… 196
超音波検査………………………… 196
超音波洗浄機……………………… 196
チョウトンボ ……………………… 215

つ

月……………… 82、167、188、205、219
つばさ（翼） ………… 19、23、25-27
　　　　　　　　　　 29、93、152
梅雨………………………………… 17
つゆ………………………………… 153
つらら …………………… 153、166
つりあい … 40、73-74、76、78、80、82
鶴岡八幡宮参道…………………… 237

て

低気圧……………………… 16、18、227
低周波音…………………………… 198
テーブルクロスひき ……………… 55
手おしポンプ ……………………… 14
てこ………………………… 77、80-81
デシベル（dB） …………………… 197
鉄………… 35、72、112、141-142
　　　　　　　 144-145、205
テフロン …………………………… 91
電解液……………………………… 131
天気………………………………… 16-17
電気魚……………………………… 135
デンキウナギ ……………………… 135
電気自動車………………… 133、141
デンキナマズ ……………………… 135
電磁石……………………………… 144
電磁波……………… 193、207、218
電磁誘導の法則…………………… 126

天体望遠鏡 ……………………… 187、220

電池 …………………… 125-134、136

伝導 …………………………… 207

天動説 ……………………… 167

天然ゴム …………………………… 99

天びんばかり ……………………… 78

天びん棒 …………………… 40、79

と

陶芸 ……………………………… 112

時計 …………… 67-68、71、82、102、182

土星 ………………………… 156

トパーズ …………………………… 165

トビ …………………………… 27

トビウオ ……………………… 27

ドライアイス ……………………… 204

トランポリン ………………… 100

ドリル ……………………………… 228

トレーニング ……………………… 101

ドローン …………………………… 26

トンボ …………………………… 27、215

な

内炎 ………………………… 109

内核 …………………………… 145、205

ナイカ鉱山 ……………………… 166

ナイロン ……………… 94、104、119

ナス ………………………… 173、176

ナムチェバザール ……………… 15

鳴門のうずしお ………………… 227

南極 ………………………… 145-146

に

にげ水 …………………………… 185

二酸化炭素 ………………109、204

虹 ……………………… 184、209-220

ニジイロクワガタ ………………215

ニュートン …………… 16、52、219-220

ニュートンのゆりかご ………… 70

尿素 ……………… 158-159、161、163

人間の由来 ………………………… 168

ね

音色 ……………………… 197

ネオジム磁石 ………………………… 141

ねじ ……………… 68、81-32、228

ネジバナ ……………………… 226

熱気球 ……………………… 29、38

熱帯低気圧 ………………………… 18

燃焼 ……… 30、105-106、108-110
112、114

の

ノーベル ……………………… 114

野焼き ……………………… 112

は

バーチャル・リアリティ ……………… 237

バール ……………………… 80

梅雨前線 ……………………… 17

バイオミミクリー ………………… 93

バイキング ……………… 61、69

排水口 ……………………… 227

パイライト ……………………… 165

白熱電球 ……………………… 126

歯車 ……………… 68、81

ハスの葉 ……………………… 46

ハチの巣 ……………………… 230

波長 ……………………… 218

バックミラー ……………………… 186

発電 ……… 126、134-135、155

発電ライト ……………………… 144

発泡スチロール ……… 37、104、138-140

花火 ……………………… 113-114

ばね ……………… 95、100-103、228

ばねばかり ……………………… 103

バブルボール ……………………… 100

バブルリング ……………………… 225

バラ輝石 ……………………… 164

パラグライダー ……………………… 24

パラセーリング …………………… 24
パラフィン ………………… 109、136
バランスとんぼ ………………… 74
ハンググライダー ……………… 30
ハンス・ホルバイン …………… 240
ハンドスピナー ………………… 60
ハンマーなげ …………………… 57

ひ

ピーエイチ（pH） ……………… 173
ビーグル号 ……………………… 168
火おこし ………………… 89、114
日がさ …………………………… 184
飛行機 ………………… 23、29-30
飛行船 …………………………… 38
非晶質 …………………………… 161
ビッグ・ベン …………………… 71
ヒトデ …………………………… 230
非破壊検査 ……………………… 196
ヒマワリ ………………………… 226
百葉箱 …………………………… 206
ひょう …………………………… 152
表面張力 ………… 13、41-42、44-50
ピラートル・ド・ロジェ ………… 29
避雷針 …………………………… 121
ピンセット ……………………… 102

ふ

ファーレンハイト度 …………… 203
ファラデー ……………………… 126
ブイ ……………………………… 37
フィギュアスケート …………… 57
フィンチ ………………………… 168
フーコー ………………………… 72
風船 ………… 38、55、99、116
118-119、121、208
ブーメラン ……………… 19-20、22-23
プールサイド …………………… 87
副虹 ……………………………… 213
福田繁雄 ………………………… 240

ふくらし粉 ……………………… 178
浮沈子 …………………………… 32
フッ素樹脂 ……………………… 91
沸騰 ………………… 203、208
プトレマイオス ………………… 167
船 ………… 25、35-36、39、61、142
フライヤー号 …………………… 30
フライングディスク …………… 26
プラスチック ………… 99、104、208
プラズマボール ………………… 121
フランクリン …………………… 125
ブランコ ………………… 61-62、69
フランソワ・ダルランド ………… 29
フリーフォール ………………… 62
ふりこ …………………… 63-72
ふりこ時計 ……………… 68、71
ふりこの等時性 ………………… 67
フリスビー ……………………… 26
プリズム ………… 216、219-220
浮力 ………… 29、31-32、34-40
フレア …………………………… 216
ブレーキ ………… 62、89、236
フレーザーの渦巻き …………… 239
フローライト …………………… 165
フロストフラワー ……………… 154
フロッキー加工 ………………… 122
ブロッケン現象 ………………… 185
プロペラ …… 19、25-26、91、128、130
分子 ………………… 151、161

へ

ベーキングソーダ ……………… 178
ベーキングパウダー …………… 178
ベークライト …………………… 104
ペーパーブーメラン …………… 20、22
ヘクトパスカル（hPa） ………… 16
ペットボトル ……… 32、34-35、60、104
210-211、213、224
ヘッドホン ……………………… 195
ヘリコプター …………………… 25

ヘリング錯視 ……………………… 239

ヘルツ (Hz) ………………… 197、218

ヘルマン格子錯視 ………………… 239

ペンチ ………………… 80、138-139

ペンローズの三角形 ……………… 238

ほ

方位磁石 ………… 138-139、141、146

望遠鏡 ……………… 187-188、220

棒温度計 …………………………… 206

方解石 …………………………… 165-166

防災無線スピーカー ……………… 194

放射 ………………………………… 207

法隆寺の柱 ………………………… 237

ボール …… 28、54、56、100-101、186

ボールベアリング ………………… 90

星 …… 113、167、205、220、227、230

ほたる石 …………………………… 165

補聴器 ……………………………… 194

北極 …………………… 72、145-146

ホッピング ………………………… 101

ホバークラフト …………………… 91

ホヤの花 …………………………… 230

ポリエステル ………… 94、104、119

ボルタ …………………… 125-126

ま

マーブリング ……………………… 45

マイクロ波 ………………………… 218

マグヌス効果 ……………………… 28

摩擦 ……………… 56、83-84、86-92

摩擦熱 ……………………………… 86

摩擦力 ………… 54、62、83、86-87、90

マッチ …………………… 89、110

まつぼっくり ……………………… 226

マローブルー ……………………… 176

マンガン乾電池 …………………… 131

万華鏡 ……………………………… 186

マントル …………………………… 145

み

みかんネット ……………………… 237

水鏡 ………………………………… 184

三角港フェリーターミナル ……… 229

みぞれ ……………………………… 152

ミョウバン ………………… 151、163

ミラー・ゴーグル ………………… 217

ミラーボール ……………………… 186

ミルククラウン …………………… 46

む

ムササビスーツ …………………… 24

虫めがね …………………………… 187

無重力 ……………………………… 61-62

霧氷 ………………………………… 154

紫キャベツ ………… 170-173、178

紫水晶 ……………………………… 164

め

めがね ……………………………… 187

メガホン …………………………… 194

メトロノーム ……………………… 68

目の錯覚 ………… 231-232、234-236
238、240

も

毛細管現象 ………………………… 50

モーター …… 126、128、130-131
134、144

木星 ………………………………… 156

木炭 …………………… 114、130-131

木炭電池 …………………… 128、130

モモンガ …………………………… 27

モリオン …………………………… 164

モルフォチョウ …………………… 94

モンゴルフィエ兄弟 ……………… 29

や

屋井乾電池 ………………………… 136

屋井先蔵……………………………… 136
やじろべえ………………… 73-74、79
ヤモリ……………………………… 94

ゆ

遊園地……………………… 61、69
遊具………………… 78、101、186
雪………… 17、87、154、158、160、162
雪の結晶…………………… 162、230
雪道………………………………… 88
ユックリズムふりこ時計 …………… 71
ゆで卵……………………………… 205
油まく……………………………… 217
弓………………………… 89、100

よ

揚力…………………… 19-20、22-29
養老天命反転地…………………… 239
ヨーヨー…………………………… 60
ヨット……………………………… 25
四元素説…………………………… 114

ら

ライター……………… 32-33、110、122
　　　　　　　　　　138-139、222
ライト兄弟………………………… 29-30
羅針盤……………………………… 142
らせん……………………… 226、228
らせん階段………………………… 229
ラテックス………………………… 99
ランタン…………………………… 110

り

力点………………………………… 77
リトマス紙………………………… 173
リニアモーターカー………………… 144
流氷………………………………… 153

る

ループ橋…………………………… 229

ルビンの杯………………………… 238

れ

レアアース ………………………… 141
冷蔵庫…………… 143、153、199、204
レーザー測距……………………… 188
レーザープリンタ ………………… 122
レタースケール …………………… 78
レンズ…………… 48、184、186-187
　　　　　　　　　216、220
連凧………………………………… 26
レンチ……………………………… 80

ろ

ろうそく ……… 91、106、109、110、225
ロードナイト ……………………… 164
ローラーコンベアー ……………… 90
ロマネスコ………………………… 230

わ

惑星……………………… 156、188、219
割り火薬…………………………… 113

A-Z

CD …………………………………… 216
dB …………………………………… 197
hPa ………………………………… 16
Hz ………………………… 197-198、218
pH ………………………………… 173-177

【主な参考文献】
『サイエンス大図鑑』（河出書房新社）
『ビジュアル版　世界科学史大年表』ロバート・ウィンストン・編（柊風舎）
『ビジュアル　科学大事典』マティアス・デルブリュック他・著（日経ナショナル・ジオグラフィック社）
『光と色の 100 不思議』左巻健男・監修（東京書籍）
『光と色彩の科学』齋藤勝裕・著（講談社）
『NEWTON 別冊　光と色のサイエンス』（株式会社ニュートンプレス）
『カソウケン（家庭科学総合研究所）へようこそ』内田麻理香・著（講談社）
『NEWTON 別冊　みるみる理解できる天気と気象　増補改訂版』（株式会社ニュートンプレス）
『ダイナミック図解　天気と気象のしくみパーフェクト事典』平井信行・監修（ナツメ社）
『授業　虹の科学ー光の原理から人工虹のつくり方まで』西條敏美・著（太郎次郎社エディタス）
『白いツツジ「乾電池王」屋井先蔵の生涯』上山明博・著（PHP 研究所）
『ヤモリの指から不思議なテープ』石田 秀輝・監修（アリス館）
『おもしろサイエンス　雷の科学』妹尾堅一郎・監修（日刊工業新聞社）
『トコトンやさしい静電気の本』高柳真・監修（日刊工業新聞社）
『トコトンやさしい摩擦の本』角田和雄・著（日刊工業新聞社）
『数える・はかる・単位の事典』武藤徹、三浦基弘・編著（東京堂出版）
JAXA 宇宙航空研究開発機構 （http://www.jaxa.jp/index_j.html）
一般社団法人電池工業会 （http://www.baj.or.jp/index.html）
一般社団法人日本雷保護システム工業会 （http://www.jlpa.jp）
札幌市時計台 （http://sapporoshi-tokeida.jp）

●協力

西村聡一（株式会社サイエンスエンタテイメント）

村上渡／関野剛／板垣喜子／市岡元気／田中由香里／

海老谷浩（米村でんじろうサイエンスプロダクション）

●執筆協力

渋谷典子

とりごえこうじ

●キャラクターデザイン

稲葉貴洋

●本文イラスト

鶴田一浩

とりごえこうじ

●装丁

cycledesign

●本文デザイン

坂田良子

●撮影

茶山浩

●校閲

滄流社

●構成・編集

グループ・コロンブス（石井立子）

●編集人

畠山健一（辰巳出版）

平成30年6月25日 初版第1刷発行

監　修　米村でんじろう（サイエンス・プロデューサー）
発行者　穂谷竹俊
発行所　株式会社 日東書院本社
　　　　〒160-0022 東京都新宿区新宿2丁目15番14号 辰巳ビル
ＴＥＬ 03-5360-7522（代表）　ＦＡＸ 03-5360-8951（販売部）
ＵＲＬ http://www.TG-NET.co.jp
印刷・製本 図書印刷株式会社